"十三五"国家重点出版物出版规划项目

丛书主编　田如森

# 筑梦科技
### 航 天 篇

# 登天火箭

杨 建　编著

科学普及出版社

·北 京·

图书在版编目（CIP）数据

登天火箭 / 杨建编著. -- 北京：科学普及出版社，2019.9（2024.8重印）
（筑梦科技 / 田如森主编 . 航天篇）
ISBN 978-7-110-09636-9

Ⅰ . ①登… Ⅱ . ①杨… Ⅲ . ①月球探索－青少年读物
Ⅳ . ①V475.1-49

中国版本图书馆CIP数据核字（2017）第174186号

| | | |
|---|---|---|
| 责任编辑 | 何红哲 | |
| 责任校对 | 蒋宵宵 | |
| 责任印制 | 徐　飞 | |
| 装帧设计 | 北京高博特广告有限公司 | |

| | | |
|---|---|---|
| 出　　版 | 科学普及出版社 |
| 发　　行 | 中国科学技术出版社有限公司 |
| 地　　址 | 北京市海淀区中关村南大街16号 |
| 邮　　编 | 100081 |
| 发行电话 | 010-62173865 |
| 传　　真 | 010-62173081 |
| 网　　址 | http://www.cspbooks.com.cn |

| | | |
|---|---|---|
| 开　　本 | 787mm×1092mm 1/16 |
| 字　　数 | 190千字 |
| 印　　张 | 8.5 |
| 版　　次 | 2019年9月第1版 |
| 印　　次 | 2024年8月第2次印刷 |
| 印　　刷 | 唐山富达印务有限公司 |
| 书　　号 | ISBN 978-7-110-09636-9/V·41 |
| 定　　价 | 58.00元 |

# 《筑梦科技·航天篇》编委会

# 前　言

2013年夏天，资深航天科普专家田如森老师邀我参与编写一套航天科普系列丛书，负责其中火箭部分的内容。加入航天队伍近30年，我对火箭是有感情的，特别是中国的长征系列火箭。况且对我来说，这也是一个学习的过程。

机缘巧合，我大学毕业就走进了中国航天领域的大门，并一直从事航天新闻出版工作。在所有航天型号产品中，我与火箭的接触最多。

1994年7月，报社派我去酒泉卫星发射中心采访我国第16颗返回式卫星发射。那是我第一次看到真正的火箭。站在发射塔下仰望，感觉眼前的长征二号丁火箭没有想象中那样高大。但是当火箭腾空而起，站在1000米外观看发射的我还是受到强烈的震撼。那震耳的轰鸣声和大地强烈的震颤，都让我毕生难忘。当时只有一个直感：航天，真是惊天动地的事业。

2005年10月，我到酒泉卫星发射中心采访神舟六号载人航天飞行任务。发射神舟六号飞船的是当时我们国家最先进的长征二号F火箭。长征二号F火箭确实威猛，这个60多米高的大家伙，从测试厂房到发射塔架的1500米距离，是直立着高大身躯缓缓移动过去的，叫作"垂直转运"。蓝天白云之下，直立的大火箭旁时有喜鹊绕飞，那一刻，我又有了全新的感受：火箭不仅可以孔武有力，也可以很美。

随着多次承担卫星发射的报道任务，我与火箭的"亲密接触"很多，对它们的了解也越来越多。

火箭是登天的阶梯。没有火箭，航天就无从谈起。万户尝试飞天，在座椅上捆绑了40多枚小火箭；杨利伟遨游天宇，乘坐的是长征二号F大火箭。形形色色的各类航天器，也无不是由火箭送上太空。为了架起"天梯"，世界各发展航天科技的国家研制了多姿多彩的火箭，有高大的，有细小的；有液体动力的，有固体动力的；有一次性的，有可回收再用的……

火箭研制是一项系统工程，也是一门大学问，涉及的科学技术门类众多。要把火箭的事情说清楚，不是一件容易的事。好在，这是一本入门级的科普读物，作为编写者，我不过是一名"二传手"，将专家们的研究成果，融入自己对火箭的理解，用尽可能通俗的语言传递给读者。如果通过这本读物，读者能对火箭有一个初步了解，则目的也就达到了。

这部书从成稿到出版，因种种原因耗时5年。其间，无论是中国的还是国外的火箭都又有重要发展。在付印前，笔者尽可能增补了一些内容，但难以做到全面，只能留下某些遗憾了。在此，向所有为这本读物出版提供帮助的人表示衷心感谢！

杨　建

2018 年 11 月

# CONTENTS
## 目录

# 火箭飞天

　　运载火箭是航天事业的基础。对于航天来说，火箭非常重要。离开火箭，航天就无从谈起；也可以说，没有火箭，就没有航天飞行。

　　火箭外形看似简单，其实内部非常复杂。现在，就让我们说说火箭的那些事儿。

火箭在技术厂房

火箭整流罩吊装

火箭组装

长征二号F火箭发射

长征三号乙火箭发射

## 什么是火箭

您一定在电视里看过火箭发射吧?

作为航天运载工具的火箭,全称为"航天运载火箭",我们常将它简称为"火箭"。火箭的外形细长,像一支放大了无数倍的笔。发射时,它的尾部会喷出火焰,产生浓重的烟雾。喷火的同时,火箭会慢慢上升,用越来越快的速度飞向太空,直到肉眼再也看不见。

那么,什么是火箭,火箭又有什么作用呢?

用科学的术语说,火箭是以热气流高速向后喷出,利用产生的反作用力向前运动的喷气推进装置。它既可以在大气中,也可以在外层空间飞行。现代火箭可用作快速远距离运送工具,如作为发射人造卫星、载人飞船、空间站的运载工具,以及其他飞行器的助推器等。如果用它来投送作战用的弹头,它便构成火箭武器,其中可以制导的叫作导弹,不能制导的称为火箭弹。

制导是导引和控制飞行器按一定规律飞向目标或预定轨道的技术和方法。在制导过程中,导引系统不断测定飞行器与目标或预定轨道的相对位置关系,发出制导信息传递给飞行器控制系统,以控制飞行。它包括有线制导、无线电制导、雷达制导、红外制导、激光制导、音响制导、地磁制导、惯性制导和天文制导等。

## 火箭能为我们做什么

　　航天是什么？说直白点，就是到太空中去旅行，到大气层外去旅行。当然，旅行者可以是人，也可以是器械即航天器。如同在地球上，我们从一个地方到另一个地方需要乘坐飞机、火车、汽车、轮船等交通工具一样，到太空中去也需要交通工具来实现。那么，什么样的交通工具才能帮助人类实现这个梦想？答案是：至少到目前，人类飞往太空唯一可用的交通工具还是火箭。简单地说，火箭是一种航天运输工具，它的主要作用是把各种各样的航天飞行器送往太空。

　　有人说，不是有美国的航天飞机吗？但是，航天飞机升空也是"乘坐"火箭起飞的，任何飞向太空的航天器都离不开火箭的助推。

欧洲阿里安运载火箭

俄罗斯联盟－FG型运载火箭

美国航天飞机升空

火龙出水

## 火箭是在哪里诞生的

中国是举世公认的火箭故乡。古人发明了火药之后，便用它来制造火箭。在宋朝发明了原始火箭。这些火箭采用硫黄、碳粉等混合燃料，主要用来作为打仗的武器。当时的火箭已经具有火箭的基本特征，但是这些火箭同现代火箭相比，十分简陋。

今天人类飞向太空的现代火箭与古代火箭相比，尽管原理相同，技术水平却早已不可同日而语。我们现在所说的"火箭"，大多指的是现代火箭。

神火飞鸦

飞刀箭（上）、飞枪箭（下）

火龙箭

一窝蜂火箭

## 谁是尝试飞天第一人

自古以来，我们的祖先就用各种美丽的神话传说寄托遨游宇宙的梦想。直到大约600多年前，中国的万户做了人类第一次飞天的尝试。

"万户"其实是明朝时期的一个官职名称，他的真实姓名现在已经没办法考证了，只知道他的官职是万户，所以后人就用"万户"来称呼他。

万户原来是一个木匠，后来参加了军队。他喜欢钻研，手也很巧，改进过不少军用的刀、枪、车、船等。因为种种不如意，万户对人世生活心生厌恶，便想逃离人间是非到月球上去生活。

他认为利用火箭的推力，再加上风筝的帮助，能够飞到月亮上去。

一个月朗星稀的夜晚，万户带着助手来到一座高山上。他们在一把座椅的背后，捆绑上47枚当时最大的火箭，然后万户把自己固定在椅子上，两手各拿一个大风筝，叫助手点燃火箭的引信……

后来，人们在远处的山脚下发现了万户的尸体。

万户飞天示意图

万户的故事并不是来自中国的史书，而是源自西方学者的考证。20世纪40年代，美国一位火箭学家在书中提到了万户，后来苏联、德国、英国等国火箭专家的著作中，也纷纷提到他的故事。于是，在国际航天界，万户被公认为人类第一个进行飞天实践的人。为纪念万户，月球表面一个直径52千米的陨石坑被命名为"万户撞击坑"。

月球表面的"万户撞击坑"

牛顿发现万有引力

## 牛顿的力学原理与航天飞行

艾萨克·牛顿（1642—1727）

目前，人类跳高的世界纪录是2.45米，但那也只是一瞬间的腾空，跃起之后很快便落回到地面上。

生活在地球上的人类，如果不借助工具，即便有再好的运动天赋，也无法离开地面到空中去飞行，更不用说到太空中去了。这是为什么呢？1686年，伟大的科学家牛顿创建万有引力定律，揭开了这个谜团。他在《自然哲学数学》一书中指出：任何两个物体之间都有相互吸引力，引力

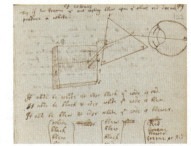

牛顿手稿

大小与它们的质量成正比，与它们之间的距离的平方成反比。

因为人与地球之间的质量相差太过悬殊，所以人被地球强大的引力束缚而无法离开地面。人类要离开地面，到空中甚至太空中去，必须要克服地球引力。

**怎样才能克服地球引力**

牛顿提出，让物体围绕地球旋转，利用旋转产生的离心力可以克服地球的引力。他设想，在一座高山上架起大炮，以一定速度将炮弹平射出去，由于地球引力作用，炮弹将沿着一条抛物线运动，并在到达一定距离后降落到地面。如果加大炮弹速度，那么它的射程会随着增加。当炮弹速度加到足够大时，它就能克服地球引力而围绕地球做圆周运动；当炮弹速度大于这一数值时，就以发射位置为近地点绕地球做椭圆运动；当炮弹速度再增大时，它就脱离地球空间而到星际空间漫游。

这个摆脱地球引力束缚的力学原理，为人类漫游太空指出了正确方向。后来出现的航天器，如火箭、人造卫星、宇宙飞船、航天飞机、空间站、空间探测器等的飞行，都离不开牛顿力学原理的支持。

工作中的牛顿

长征四号乙火箭将中巴地球资源卫星04星准确送入预定轨道，这是我国长征系列运载火箭的第200次发射

## 火箭为什么能挣脱地球束缚飞上天

　　航天器的速度是挣脱地球乃至太阳引力的关键，目前只有火箭才能突破宇宙速度。

　　由于航天器需要在地球大气层以外极高真空的宇宙空间以类似自然天体的运动规律飞行，所以实现航天首先要寻找不依赖空气而又省力的运载工具。火箭便是这种运载工具，它本身带有燃烧剂和氧化剂作为燃料在太空中飞行。

　　但要挣脱地球引力和克服空气阻力飞出地球，单级火箭还做不到，必须用多级火箭接力，逐级加速，最终才能达到宇宙速度要求的数值。直到今天，只有依靠火箭才能突破宇宙速度，实现人类飞天的理想。

多级火箭才能挣脱地球束缚

## 三个"宇宙速度"

从研究两个质点在万有引力作用下的运动规律出发，人们通常把航天器达到环绕地球、脱离地球和飞出太阳系所需要的最小速度分别称为第一宇宙速度、第二宇宙速度和第三宇宙速度。

第一宇宙速度（$V_1$）是航天器沿地球表面做圆周运动时必须具备的速度，也叫环绕速度。按照力学理论可以计算出$V_1 = 7.9$千米／秒。航天器在距离地球表面数百千米以上的高空运行，地球对航天器的引力比在地面时要小，故其速度也略小于$V_1$。

当航天器超过第一宇宙速度$V_1$达到一定值时，它就会脱离地球的引力场而成为围绕太阳运行的人造行星，这个速度就叫作第二宇宙速度（$V_2$），也称逃逸速度。按照力学理论可以计算出第二宇宙速度$V_2 = 11.2$千米／秒。

从地球表面发射的航天器飞出太阳系到浩瀚的银河系中漫游所需要的最小速度，就叫作第三宇宙速度（$V_3$）。按照力学理论可以计算出第三宇宙速度$V_3 = 16.7$千米／秒。

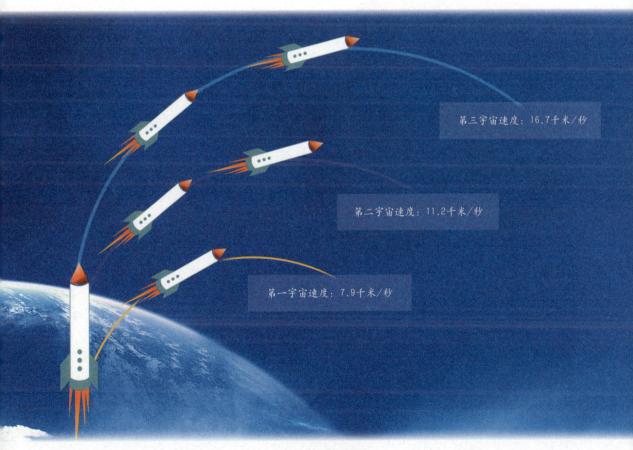

三个宇宙速度示意图

# 现代火箭诞生的功臣

在现代火箭诞生的过程中，有好几位不同国籍的科学家创建了重要的关于宇宙航行的理论，或者进行了早期的火箭研究实验，他们都为现代火箭的诞生做出了开创性的贡献。

## 齐奥尔科夫斯基

说到现代火箭，就不能不提俄罗斯科学家康斯坦丁·齐奥尔科夫斯基。正是他，创建了宇宙航行学理论。

齐奥尔科夫斯基（1857—1935）

1898年，齐奥尔科夫斯基写成了一本书，名字叫《利用喷气装置探索宇宙空间》。在这本书里，他第一个提出人类要飞出地球就必须使用火箭。他还提出了火箭飞行的基本原理，推导出火箭在重力作用下能达到最大速度的数学公式。后来，人们管这个公式叫"齐奥尔科夫斯基公式"。用齐奥尔科夫斯基公式可以近似地估计火箭需要携带的推进剂的数量以及发动机参数对理想速度的影响。这个公式所要表达的是：要想让火箭以最大速度飞行，一要使用高能推进剂，二要尽可能减轻火箭结构的重量。准确地说，就是要提高火箭起飞前的质量与火箭耗尽燃料后质量的比值。这个公式为火箭设计奠定了理论基础。

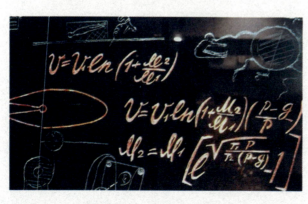

齐奥尔科夫斯基推导的火箭运动速度基本公式

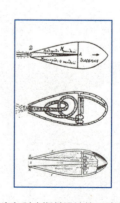

齐奥尔科夫斯基设计的三种飞船

另外，齐奥尔科夫斯基还研究了宇宙飞船的起飞条件和起飞方法，畅想了人类未来在太空中生活的情景。他甚至大胆地提出了建设空间站的方案。

齐奥尔科夫斯基精确地计算出了火箭飞出地球所需达到的速度。他认为，火药不适合航天飞行，需要用液氢和液氧。此外，他还提出了许多重要的航天飞行理论问题。

齐奥尔科夫斯基从理论上开辟了航天飞行的道路，人类后来的航天实践也验证了他的理论的正确，但是在他所生活的那个时代，这些设想是不可能实现的。他的书写出来后曾被拒绝出版，直到5年后才在朋友的帮助下出版。后来，齐奥尔科夫斯基又出版了第二部科学著作《火箭与太空探索》，把利用火箭进行宇宙航行的思想向前推进了一步。

齐奥尔科夫斯基留下一句名言：
"地球是人类的摇篮，但是人类不可能永远生活在摇篮里。"

俄罗斯国家宇航历史博物馆陈列的按照齐奥尔科夫斯基设计思想制造的火箭模型

俄罗斯国家宇航历史博物馆

齐奥尔科夫斯基诞生地卡卢加

赫尔曼·奥伯特（1894—1989）

## 赫尔曼·奥伯特

德国人赫尔曼·奥伯特是与齐奥尔科夫斯基和戈达德齐名的宇航事业先驱者。

奥伯特出生在罗马尼亚，后来在德国成为一名数学和物理学教授。1923年，他出版《飞往星际空间的火箭》一书，论述了火箭推进的基本原理，对液体燃料火箭、人造地球卫星、宇宙飞船、空间站进行了研究和探讨。奥伯特的理论激发了许多青年人探索太空的兴趣，一些国家相继出现火箭和航天爱好者的研究组织。1927年，德国宇宙航行协会成立，奥伯特担任会长。这个协会成为世界上第一个进行太空科技研究的民间组织。

1929年，奥伯特出版了名为《太空旅行之路》的著作，讲解宇航方面的知识。与齐奥尔科夫斯基和戈达德不同的是，奥伯特让人成为宇宙航行梦想中不可缺少的一部分。他的著作和富有激情的演讲深深影响了许多有志于进行太空探索的年轻人，其中就包括著名的冯·布劳恩。

20世纪30年代，奥伯特继续对液体火箭和太空飞行进行深入研究。1938年，他短期参与了德国空军的火箭研究计划。1940年，他取得德国国籍，第二年加入了由冯·布劳恩领导的火箭研究小组。1943年，他转而从事固体火箭推进剂防空火箭的研制。

在航天理论的创始人和先驱者之中，只有奥伯特活着见到了一些开创性梦想变成现实。这些设想包括：人类航天时代的来临、载人航天飞行、人类登上月球、空间站建设，以及可重复使用的航天飞机的飞行。

奥伯特在解释一个行星理论问题

奥伯特（右二）和同事研究火箭问题

奥伯特在工作

从1930年到1935年，戈达德在新墨西哥州沙漠中的火箭试验场发射了好几枚火箭。火箭的时速超过1000千米，飞行高度达到了2300米。

直到今天，戈达德的火箭设计思想依然闪耀着光芒。从某种意义上说，我们今天使用的多级火箭都是戈达德火箭。为了纪念他，1962年，美国宇航局把所属的一个研究机构命名为"戈达德宇航中心"。月球上的一个环形山也用戈达德的名字命名。

罗伯特·戈达德（1882—1945）

## 罗伯特·戈达德

齐奥尔科夫斯基阐述了火箭飞行和火箭发动机的基本原理，但是他自己并没有试制和发射过一枚火箭。真正将火箭变成实物的是美国人罗伯特·戈达德。

1926年3月16日，在马萨诸塞州新兰格一个租来的农场，戈达德进行了第一次液体火箭飞行试验。这枚火箭用液氧和汽油作推进剂，长3.04米，重5.5千克。点火后，火箭飞了2.5秒，飞行高度12米，飞行水平距离56米。因为这次试验，戈达德成为液体火箭制造的先行者。戈达德的妻子拍下了他站在火箭旁边的照片，这是一张有历史意义的照片，非常珍贵。

戈达德后来被人们誉为"火箭之父"。

戈达德不仅有火箭发射的实践，也有理论上的创造。他从1908年开始进行火箭原理研究，同时试验各种火箭燃料。他首先应用火箭分级原理，在1914年设计出一枚二级火箭。1919年，他发表了一篇题目叫《到达超高空的方法》的论文，阐述了火箭理论，预言火箭能摆脱地球引力的束缚而到达月球，甚至到达更遥远的太空。

戈达德与他的第一枚液体火箭

冯·布劳恩（1921—1977）

## 冯·布劳恩

　　冯·布劳恩是德国著名火箭专家，在V-1和V-2火箭诞生中起到了关键作用。第二次世界大战结束后，冯·布劳恩到了美国并取得美国国籍。自此以后，美国的火箭和航天工业快速发展起来。

　　在布劳恩的带领下，美国实施了弹道导弹计划，在V-2的基础上成功研制了"红石"和"丘比特"导弹。他受命将单级的"丘比特"导弹改装为四级运载火箭，将美国第一颗人造卫星成功送入太空。他还参与了"水星""双子星座"载人航天计划和"阿波罗"载人登月计划运载火箭的研制工作，在其中起到了重要作用。

　　布劳恩投身航天工程实践的同时，在宇宙航行理论研究方面也有建树。1953年，他发表了《火星计划》，论述了星际航行的规模、手段和方法、可能出现的技术障碍和防护措施等。20世纪50年代，他还提出过轮式空间站的方案。

V-2火箭

布劳恩火箭草图手稿

布劳恩（左二）、奥伯特（左一）在一起

布劳恩在土星五号运载火箭引擎前留影

布劳恩在发射场　　　　布劳恩（左）接受金质奖章

### 谢尔盖·帕夫洛维奇·科罗廖夫

谢尔盖·帕夫洛维奇·科罗廖夫是苏联著名火箭专家。20世纪30年代初，他结识了宇宙航行理论开创者齐奥尔科夫斯基，开始涉足火箭研究，并在火箭研究和试验方面取得许多成果。1936年，他成功设计出苏联的第一代火箭飞机，还相继出版了《火箭发动机》和《火箭飞行》等著作。

第二次世界大战结束后，科罗廖夫和同事们利用从战败国德国获取的V-2火箭的大量资料，在一年时间里，研制、发射成功苏联第一枚弹道导弹。从1947年到1953年，科罗廖夫作为导弹总设计师，取得了一连串重要成果，包括仿制和自行设计的近程、中程、远程和战术导弹。从1953年开始，他开始领导研制洲际弹道导弹，1956年将导弹改装成发射人造地球卫星的运载火箭。1957年10月4日，他领导研制的卫星号火箭发射成功，把人类第一颗人造地球卫星送入太空，开启了人类航天的新时代。

谢尔盖·帕夫洛维奇·科罗廖夫
（1906—1966）

在科罗廖夫大力推动下，苏联确定了尽早实现载人航天飞行的目标。1961年4月12日，东方一号飞船载着尤里·加加林由东方号运载火箭发射升空，实现了人类首次载人航天飞行。

苏联东方号火箭

加加林乘坐的东方一号飞船

科罗廖夫与航天员加加林

苏联第一颗人造地球卫星

科罗廖夫在指挥发射

## 现代火箭诞生的标志

从19世纪末到20世纪上半叶，苏联、美国以及德国的科学家各自寻找着打开现代火箭之门的钥匙，也分别为现代火箭的诞生做出了自己的贡献。

在现代火箭史上，德国V-2火箭的诞生是一个重要的里程碑。

正如一把菜刀既可用作烹饪工具也可当作杀人武器，20世纪30年代，还在孕育中的火箭已经引起德国军方的高度关注。当然，他们考虑的不是怎样探索宇宙，而是火箭作为长距离攻击性武器的可能性。

1932年，德国陆军招募当时经济状况窘迫的冯·布劳恩为首的火箭研究小组进入陆军兵器局，开始进行液态火箭推进器的试验。从1933年开始，布劳恩的研发团队分别研制了A-1、A-2、A-3、A-4等试验型火箭。A-4火箭在1942年正式研发成功，1944年9月正式命名"V-2"火箭，并因当年9月8日对伦敦的攻击而闻名于世。

第二次世界大战结束后，在布劳恩的带领下，美国实施了弹道导弹计划，在V-2的基础上成功研制了"红石"和"丘比特"导弹，后发展成运载火箭。

而在另一头的苏联，在科罗廖夫的领导下，也利用V-2资料开展火箭研究，先后成功研制了近、中、远程弹道导弹和运载火箭，成功发射了世界上第一颗人造卫星、第一颗月球探测器和第一艘载人飞船。

德国V-2火箭

土星五号三级火箭

美国红石火箭

丘比特C四级火箭

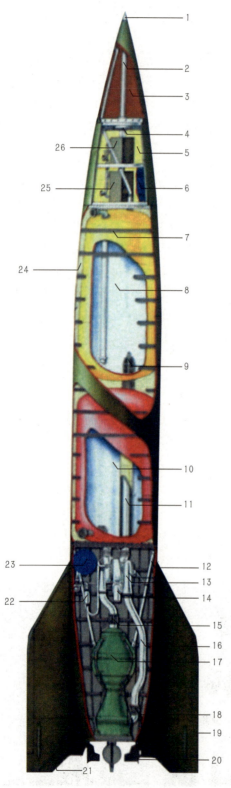

V-2火箭结构示意图

1.头锥引信

2.引信通道

3.弹头

4.主电气引信

5.层压隔舱

6.氮气瓶

7.结构框架

8.酒精+水贮箱

9.酒精伺服阀

10.液氧贮箱

11.隔离酒精供应管道

12.推力构件

13.涡轮泵

14.排气涡轮

15.主液氧阀

16.推力室再生冷却燃料输送管

17.燃烧室

18.主燃料阀

19.可控气动翼（4个）

20.石墨排气舵（4个）

21.天线

22.启动阀门喷流装置

23.过氧化氢贮箱

24.玻璃棉隔离层

25.制导波束和无线电控制设备

26.制导舱（陀螺稳定器、加速度计）

## 德国V-2火箭

V-2火箭是单级液体火箭，全长14米，重13千克，直径1.65米，最大射程320千米，射高96千米，弹头重1000千克。V-2在工程技术上实现了宇航先驱的技术设想，对现代大型火箭的发展起到了承上启下的重要作用。

V-2火箭于1942年10月3日首次发射成功，飞行180千米。火箭由液体火箭发动机推动，燃料为液氧和甲醇。从1944年6月13日到1945年3月的短短10个月间，德军共发射了15000枚V-1火箭与3000枚V-2火箭，共造成英国31000人丧生。

德国的V-2火箭是现代火箭鼻祖

遭受德国V-2火箭袭击的伦敦市区

准备发射的德国V-2火箭

## 火箭的不同种类

火箭家族可以按照多种不同方式分类。

按照级数分，可以分为单级火箭和多级火箭。多级火箭是由多个级段组成的火箭。由于单级火箭在实际运用中很难实现宇宙飞行所必需的宇宙速度，因此需要采用多级火箭来解决这一问题。多级火箭的一子级在发射点火后就开始工作，工作结束后与整个火箭分离，再由二子级继续将有效载荷推向太空，以此类推，直至把有效载荷送入预定轨道。多级火箭一般由2～4级组成。

单级火箭发射

长征三号甲火箭在技术厂房

程序转弯　　　助推器分离　　　一级发动机关机

火箭起飞

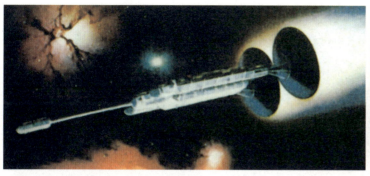

光子火箭

核能火箭

电子火箭

　　按照能源分，可以分为化学火箭、核火箭、电火箭以及光子火箭等。目前最常见的是化学火箭。新能源火箭包括电火箭、核能火箭和太阳能火箭等，还处于探索和研究阶段。化学火箭又分为液体推进剂火箭、固体推进剂火箭和固液混合推进剂火箭。

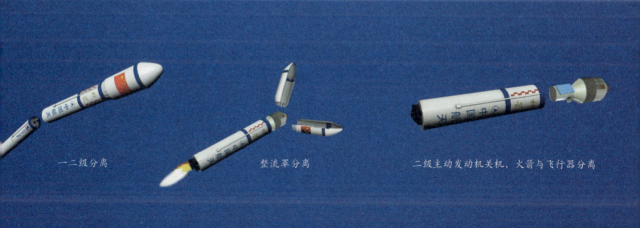

一二级分离　　　　　整流罩分离　　　　　二级主动发动机关机，火箭与飞行器分离

多级火箭发射分解图

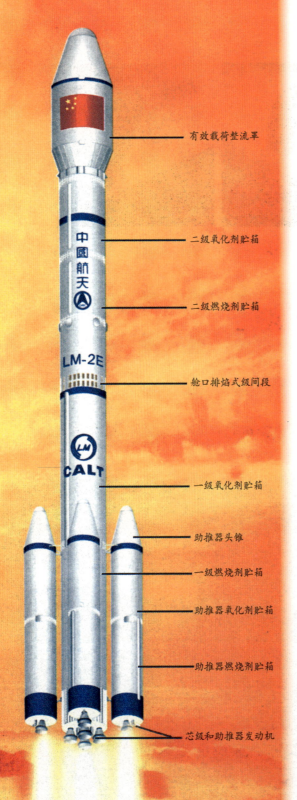

有效载荷整流罩

二级氧化剂贮箱

二级燃烧剂贮箱

舱口排焰式级间段

一级氧化剂贮箱

助推器头锥

一级燃烧剂贮箱

助推器氧化剂贮箱

助推器燃烧剂贮箱

芯级和助推器发动机

中国第一种串并联式火箭长征二号E结构图

# 火箭由几大系统组成

无论是固体火箭还是液体火箭，也不管是单级火箭还是多级火箭，都是由结构系统（又称箭体结构）、动力装置系统（又称推进系统）和控制系统三大系统构成。

这三大系统称为运载火箭的主系统，它们的工作是否可靠，直接影响火箭飞行成功还是失败。

箭体结构是运载火箭的基体，它用来维持火箭的外形，承受火箭在地面运输、发射操作和飞行中火箭上的各种载荷，安装固定在火箭各系统的所有仪器、设备，把箭上所有系统、组件连接组合成一个整体。

动力装置系统是推动运载火箭飞行并获得一定速度的装置。对液体火箭来说，动力装置系统由推进剂输送、增压系统与液体火箭发动机两大部分组成。固体火箭的动力装置系统相对简单，推进剂直接装在发动机的燃烧室壳体内。

控制系统的作用是控制运载火箭沿预定轨道正常可靠地飞行。

除此之外，火箭上还有一些不直接影响成败的系统，这些系统由箭上设备与地面设备共同组成，如遥测系统、外弹道测量系统、安全系统和瞄准系统等。

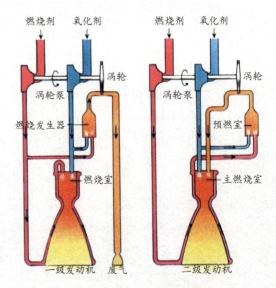

液体火箭发动机示意图

长征火箭一级发动机

通信卫星远地点固体发动机

长征火箭控制系统测试

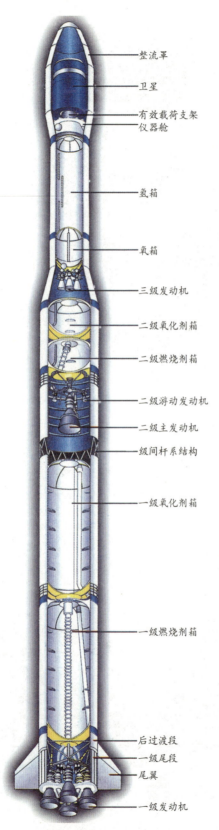

整流罩

卫星

有效载荷支架
仪器舱

氢箱

氧箱

三级发动机

二级氧化剂箱

二级燃烧剂箱

二级游动发动机

二级主发动机

级间杆系结构

一级氧化剂箱

一级燃烧剂箱

后过渡段
一级尾段
尾翼

一级发动机

长征三号A火箭结构图

# 火箭内部是什么样子

箭体结构是运载火箭的基体，它把运载火箭各系统组合在一起形成一个完整的整体。如果把火箭比作一个人，那么箭体结构就是火箭的身体。为减小空气阻力，火箭的箭体一般都具有良好的气动外形，以保证飞行性能；在保证箭体结构有足够的强度和刚度条件下，质量要轻；在满足使用要求和可靠的情况下，结构尽量简单；要有足够的空间用来安装运载火箭上所有仪器、设备，并满足它们正常工作所需的环境条件，如压力、温度和振动等要求。

如果看火箭的内部剖面，会发现液体火箭的箭体主要由推进剂贮箱、仪器舱、推力结构、尾段、有效载荷整流罩等组件组成。

推进剂贮箱占了箭体很大一部分空间，它用来存贮推进剂。推进剂贮箱必须密封，装上推进剂后不能有泄漏。贮箱一般为圆筒形。

仪器舱是集中安装控制系统和其他系统的仪器、设备的舱段。

神舟号飞船放入整流罩中

推力结构是用来安装发动机并把推力传给箭体的承力组件。

尾段在箭体的最后部位。它不仅是个发动机舱，而且在整个火箭竖立在发射台上时起支撑作用。

串联式多级火箭在级与级连接的部位还有一个级间段，它是级与级分离的部位。

有效载荷整流罩位于运载火箭前端。当火箭在大气层内飞行时，它用来保护有效载荷不受气动力和气动加热的影响；当运载火箭飞出大气层后，它已不起作用，此时，为减轻火箭质量，整流罩被抛掉。用于运送载人飞船的运载火箭，在其整流罩的上端装有逃逸救生火箭。当运载火箭在飞行中出现不正常情况危及航天员生命时，逃逸火箭立即点火，带着整流罩和整流罩内的载人飞船一起迅速脱离运载火箭，飞向一个安全区。

对固体火箭而言，其箭体结构除了没有推进剂贮箱、箱间段和发动机架外，其他与液体运载火箭的箭体结构基本相同。

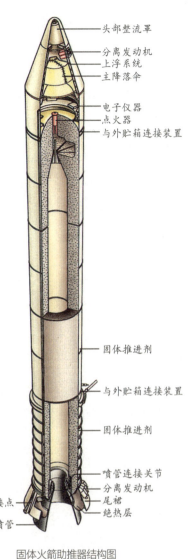

头部整流罩
分离发动机
上浮系统
主降落伞
电子仪器
点火器
与外贮箱连接装置

固体推进剂

与外贮箱连接装置

固体推进剂

喷管连接关节
分离发动机
发射台接点
尾裙
绝热层
喷管

固体火箭助推器结构图

东方红通信卫星放入整流罩

火箭级间段和气瓶

美国土星五号火箭推进剂贮箱

长征二号F火箭与神舟飞船对接

## 火箭发射中可能出现什么故障

运载火箭是一种特殊的飞行器。它由多个分系统的成千上万个零组件、元器件组成，通过多个设计单位、生产单位大协作研制而成，在地面运输、发射操作和飞行过程中要经历复杂的环境变化，箭上众多的电子设备之间存在着相互影响和干扰。目前的运载火箭都是无人直接操纵的飞行器，因此，在火箭发射飞行过程中，由于某个零组件、元器件失效或误动作而导致发射失败的事故屡见不鲜。其中，震惊世界的灾难性事故也常有所闻。如1986年1月28日美国挑战者号航天飞机爆炸，原因是其右侧固体火箭助推器上的装配接头和密封件因天气较冷而失效，使固体推进剂燃烧的高温燃气通过破裂的密封圈泄漏出来，引起装有液氧、液氢的外贮箱爆炸，导致7名航天员全部遇难。

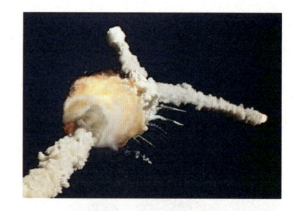

美国挑战者号航天飞机爆炸

挑战者号牺牲的七名航天员

　　几乎所有发射运载火箭的国家都有过失败的教训。造成运载火箭出现故障的原因大致有以下几个方面：

　　设计上的原因。由于设计人员认识上的原因、知识面的不足或工作中的失误，造成设计不当或不完善，致使产品在发射和飞行过程中出现故障。

　　生产过程中带来的缺陷。运载火箭在生产过程中，由于生产质量控制不严，致使产品内部存在缺陷，如暗伤、多余物等，这些缺陷对火箭来说都是致命的问题。

　　操作失误。这在运载火箭发展早期曾有发生，但随着发射操作人员素质的提高及发射控制自动化程度的提高，现在已经不常见了。

　　针对上述原因，在运载火箭的研制和发射过程中需要采取许多措施，比如精心设计、建立严格的质量保证体系进行全面质量控制、充分进行地面试验等。这些措施可以提高火箭的可靠性，把出现故障的概率不断降低。

装配中的长征运载火箭

认真检查

安装惯性平台

长征二号F火箭进行吊装

长征二号F火箭发射

# 长征火箭托起中国航天梦

中国的主力运载火箭有一个响亮的名字，叫"长征"。"长征"是目前中国最重要系列运载火箭的总称。

现在我们都在谈论"中国梦"，航天梦是中国梦的一个重要组成部分，而正是长征系列火箭，托起了中国的航天梦。

长征二号F火箭芯二级进行吊装

逃逸塔与飞船组装对接

船箭组合体转运出垂直总装测试厂房

钱学森

## 中国火箭之父——钱学森

钱学森（1911—2009）是我国著名科学家，空气动力学家，中国科学院及中国工程院院士，"两弹一星"功勋奖章获得者。他为中国航天事业做出了开创性贡献，被誉为"中国航天之父""中国火箭（导弹）之父"。

1935年，钱学森从上海交通大学毕业后，漂洋过海到美国麻省理工学院学习，后来又到加州理工学院深造，获博士学位后留在古根海姆航空实验室工作。这期间，他对力学、应用数学、空气动力学和火箭理论进行了深入研究，取得了显著成果，成为国际公认的学术权威。中华人民共和国成立后，钱学森归心似箭，克服重重困难，于1955年回到祖国。从那时起，作为新中国火箭、导弹和航天事业的技术领导人，他长期奋战在第一线，把毕生精力都献给了中国航天科学事业。

1956年10月8日，中国第一个导弹、火箭研究机构——国防部第五研究院成立。156名新毕业的大学生被分配到五院，他们当中没有一个懂得火箭知识。钱学森亲自制订计划、编写教材，举办技术训练班，亲自授课，并建立起相关的研究室。在仿制第一枚导弹的过程中，钱学森作为最高技术领导人，每周都要把几位设计师请到家里，围坐一起，商讨技术中的难题。大家畅所欲言，最后由钱学森拍板确定解决方案。

中国第一枚导弹——东风一号

钱学森在授课

工作中的钱学森

1960年11月5日，我国第一枚仿制导弹在酒泉基地发射成功。仅仅1年零4个月后，我国独立设计、研制的东风二号导弹又竖立在发射架上。然而，这次发射失败了。钱学森受命查找原因。3个月后，他拿出一份全面、系统的分析报告。当时他提出的"把故障消灭在地面"的理念，后来成为我国航天事业的一条重要原则。1964年6月29日，东风二号导弹发射成功，标志着我国已经基本掌握了独立研制导弹的技术，揭开了我国导弹、火箭发展史上新的一页。此后，在钱学森的率领下，中近程、中程、中远程、洲际、地空、岸舰等各种型号的导弹纷纷研制成功。

1967年10月27日，我国发射的装有核弹头的中近程地地导弹获得成功，而钱学森也是这次两弹结合飞行爆炸试验的技术总负责人。

钱学森还领导了我国第一颗人造卫星的研制和发射。早在1965年1月，在做了大量准备后，钱学森向国家提出建议：早日制订我国人造卫星研制计划。任务立项后，钱学森负责星、箭、地面三大方面的技术协调和组织实施工作。1970年4月24日，我国第一颗人造卫星东方红一号发射成功。

在中国航天史上，东风系列导弹、长征系列运载火箭、返回式卫星、地球同步轨道通信卫星等这些我国在导弹、航天领域的重大成果，从方案论证、技术攻关、组织协调，到发射试验，都凝结着钱学森的智慧和汗水。

中国第一颗人造地球卫星东方红一号

## 中国的长征火箭都有什么本领

1956年10月，中国第一个火箭与导弹研究机构——国防部第五研究院在北京成立。几十年来，经过几代航天人的努力，长征系列运载火箭经历了从无到有、从导弹仿制到独立研制、从串联到捆绑、从单星发射到多星发射、从常温推进剂到低温推进剂、从发射卫星到发射载人飞船和月球探测器的过程，具备了发射各种不同轨道卫星的能力，取得了举世瞩目的成就，并在国际商业卫星发射服务市场占据了一席之地。

几十年来，长征系列运载火箭的发射成功率不断提高。从1970年4月到1996年10月26年间，中国长征系列运载火箭共发射43次，成功36次，失败7次，成功率83.7%；而从1997年5月至2013年12月16年间，长征系列运载火箭共发射144次，成功141次，部分成功1次、失败2次，成功率接近98%。特别是1996年10月至2009年4月，长征系列火箭创造了连续75次发射成功的纪录。

2014年12月7日，我国自主研制的长征四号乙火箭在太原卫星发射中心将资源一号04星成功送入太空，实现了长征火箭家族的第200次发射。2019年年初，长征系列火箭将迎来第300次发射。

长征四号乙火箭在太原卫星发射中心将中巴地球资源卫星04星准确送入预定轨道

火箭组装

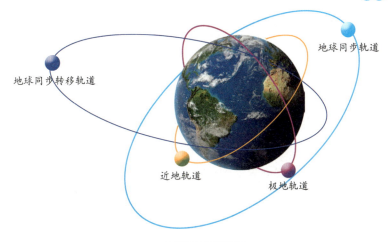

卫星轨道运行示意图

### 近地轨道

通常把高度在500米以下的卫星轨道称为低轨道，500～2000米高的轨道称为中轨道。中、低轨道合称为近地轨道。近地轨道上运行着国土普查、气象、资源、移动通信等各种用途的卫星，在人类生活中发挥着重要作用。

### 地球同步轨道

又称24小时轨道，卫星的轨道周期等于地球在惯性空间中的自转周期（23小时56分4秒），且方向与之一致，卫星在每天同一时间的星下点轨迹相同，当轨道与赤道平面重合时叫作地球静止轨道，即卫星与地面的位置相对保持不变。

倾角为零的圆形地球同步轨道称为地球静止轨道，因为在这样的轨道上运行的卫星将始终位于赤道某地的上空，相对于地球表面是静止的。这种轨道卫星的地面高度约为3.6万千米。它的覆盖范围很广，利用均布在地球赤道上的3颗这样的卫星就可以实现除南北极很小一部分地区外的全球通信。

要实现地球静止轨道，需满足下列条件：卫星运行方向与地球自转方向相同；轨道倾角为0°；轨道偏心率为0，即轨道是圆形的；轨道周期等于地球自转周期，静止卫星的高度为35786千米。

### 地球同步转移轨道

地球同步转移轨道是近地点高度在1000千米以下、远地点高度为35786千米的椭圆轨道。这种轨道是作为卫星进入地球同步轨道的转移轨道。在发射地球同步卫星时，首先使卫星进入地球同步转移轨道，然后在远地点启动星上远地点发动机，使其变轨进入地球同步轨道。

### 极地轨道

轨道平面与赤道面夹角为90°的人造地球卫星轨道。人造卫星运行时能到达南北极区上空，即卫星能飞经全球范围的上空。需要在全球范围内进行观测和应用的气象卫星、导航卫星、地球资源卫星等都采用这种轨道。

## 长征系列火箭几大家族成员

　　根据火箭运输的有效载荷运行轨道和质量大小的不同，长征运载火箭又分为长征一号、长征二号、长征三号、长征四号等几个不同"家族"，每个"家族"都有若干个不同的型号。

CZ-1　　CZ-2　　CZ-3　　CZ-4A　　CZ2C/SD　　CZ-2E　　CZ-2D　　CZ-3A

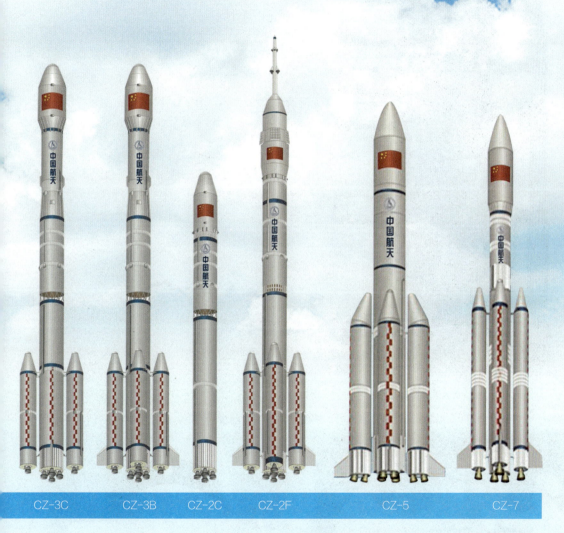

CZ-3C　　　CZ-3B　　　CZ-2C　　　CZ-2F　　　　CZ-5　　　　CZ-7

长征家族（CZ为长征汉语拼音"changzheng"的缩写）

长征一号火箭准备发射

### 长征一号火箭

中国研制的第一种运载火箭是长征一号。1970年4月24日，长征一号火箭将中国第一颗人造地球卫星东方红一号成功送入太空。

长征一号为三级运载火箭，主要用于发射近地轨道小型有效载荷。它的一、二级采用当时的成熟技术，并为发射卫星做了适应性修改，第三级是新研制的以固体燃料为推进剂的上面级。火箭全长29.46米，最大直径2.25米，起飞质量81.5吨，能把300千克重的卫星送入440千米高的近地轨道。

长征一号火箭的研制成功，揭开了我国航天活动的序幕。

东方红一号卫星在技术厂房

1970年4月24日，长征一号火箭首次成功发射我国第一颗人造地球卫星——东方红一号科学实验卫星

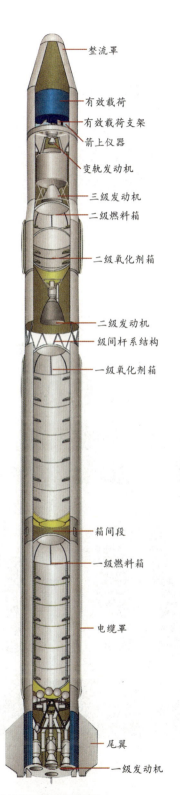

整流罩
有效载荷
有效载荷支架
箭上仪器
变轨发动机
三级发动机
二级燃料箱
二级氧化剂箱
二级发动机
级间杆系结构
一级氧化剂箱
箱间段
一级燃料箱
电缆罩
尾翼
一级发动机

长征一号火箭结构图

## 小故事：钱学森与基地司令"打赌"

1970年4月24日20时，东方红一号卫星发射进入"1小时准备"倒计时。

这时的钱学森站在发射塔架下，像是思考着什么。发射基地司令员李福泽走过来，问道："大专家，你说咱们这次卫星发射成功的把握究竟有多大？"

钱学森答道："应该说把握很大，但第一次发射，不排除失败的可能，心理上得有失败的准备。"

听钱学森这么说，旁边另一位领导忧心忡忡地问："如果失败，会是哪一种？在发射台上，还是起飞后出问题？"

钱学森说："在发射台上出问题的可能性不大，就怕火箭的第三级出问题，因为是我们从来没有做过。"

李司令笑道："从来没做过，不是也研制出来了嘛！对发射失败，我们已经有了预案，但我觉得成功是有把握的，要不咱打个赌？"

钱学森兴致也来了："赌就赌，赌什么？"

李司令道："两瓶茅台或者五粮液。"

"一言为定，不准反悔！"李司令和钱学森就这样为成功与否下了注。

当然，不可能有人愿意失败。李福泽和钱学森开这个玩笑，只是想放松一下紧张的心情。

4月24日21时，长征一号火箭托举东方红一号卫星飞向浩瀚太空，中国第一星发射圆满成功。钱学森为之付出的巨大心血得到了回报。只是不知道，赌输了的钱学森最终是否兑现了赌注。

发射返回式卫星的长征二号火箭即将起飞

## 长征二号家族

长征二号是中国研制的一种两级运载火箭。火箭全长31.17米，芯级最大直径3.35米，运载能力在近地轨道时为1.8吨。1975年11月26日，成功将我国第一颗返回式卫星准确送入轨道。

此后，我国在长征二号火箭的基础上，先后研制出长征二号丙、长征二号丙改进型、长征二号捆绑式、长征二号F，以及在长征四号一、二级基础上研制的长征二号丁等火箭，使得长征二号系列成为长征火箭中"兄弟"最多的一个系列。

组装返回式卫星

直升机回收返回式卫星

长征二号丙火箭待飞

长征二号丙火箭是在长征二号基础上改进设计研制的，采用大推力液体火箭发动机，箭长约43米，近地轨道的运载能力增加到3.9吨，火箭的可靠性也大大提高。

2004年4月18日，长征二号丙火箭把试验一号卫星及搭载的纳星一号送入太空

**小故事：从种"山药蛋"到为火箭"给力"**

长征二号火箭是在远程火箭的基础上加以改进，为发射返回式卫星而研制的。

长征二号火箭（远程火箭）的研制是从1966年起步。当时正值"文化大革命"开始，到处一片混乱。为了让火箭研制工作顺利进行，整个研制队伍，上到总设计师，下到普通技术人员，克服了许多困难。当时最大的问题是，各种各样没完没了的"批斗会"以及"下放劳动"，对火箭研制造成了很大干扰。1969年4月和11月，正当研制工作进入紧张阶段急需人手时，火箭研究院的1900多名科技人员和机关干部却被要求放下手里的工作，去种"山药蛋（土豆）"！那段时间，有人看到，为了抢回时间，在批斗会现场，火箭总设计师屠守锷偷偷在笔记本上写写画画，计算着什么数据。

除了外界干扰，火箭研制本身也遇到了不少难题。火箭原来设计的运载能力只有返回式卫星结构质量的55%，增加运载能力是需要攻克的众多难关之一。为了克服这个障碍，整个研制队伍齐心协力共同攻关。为了给火箭加力，科研人员夜不安寝、食不甘味，火箭各系统先后提出28项建议，如火箭结构减重、提高发动机性能、增加推进剂、选择更好的飞行程序等。火箭结构减重，有的大项收效减重300多千克，而有的小项减重却不到1千克。大家就这样一斤一两地抠，积少成多，硬是将几百千克的运载能力挖了出来，达到了返回式卫星对火箭运载能力的设计要求。

1997年9月1日，第一枚长征二号丙改进型火箭在太原卫星发射中心将两颗铱星模拟星送入预定轨道。2003年12月30日和2004年7月25日，长征二号丙改进型火箭分别成功地将我国参与空间环境联合探测"双星"计划中的"探测一号"和"探测二号"卫星送入太空。

整流罩

卫星

分配器

有效载荷支架

二级氧化剂箱

二级箱间段

二级燃烧剂箱

二级游动发动机

二级主发动机

级间杆系结构

一级氧化剂箱

一级箱间段

一级燃烧剂箱

后过渡段

尾段

一级发动机

长征二号丙改进型火箭结构图

长征二号丙改进型火箭

在厂房中的双星

探测二号在技术厂房

长征二号丙改进型火箭一箭双星发射成功

长征二号丙改进型火箭是在长征二号丙火箭基础上研制的一种三级火箭，它在长征二号丙火箭的基础上增加了一个上面级，新增的上面级相对独立、自成体系，功能等同于一枚小火箭。

长征二号丁火箭是在长征四号一、二级火箭成熟技术基础上研制的两级液体推进剂火箭。火箭全长33.67米，芯级最大直径3.35米，近地轨道运载能力为3.1吨，1992年8月9日首次发射成功。

曾随我国返回式卫星遨游太空的国旗
在天安门广场升起

1996年10月20日，中国空间技术研究院研制的第17颗返回式科学实验卫星在酒泉卫星发射中心由长征二号丁火箭发射升空。图为返回式卫星吊装

长征二号丁火箭吊装

长征二号丁火箭发射升空

1990年7月16日，长征二号E火箭在西昌卫星发射中心首次亮相，把一颗澳星模拟星和一颗巴基斯坦科学卫星送入太空

长征二号捆绑式火箭是一枚大型两级捆绑式运载火箭，在其一级外部捆绑有四个直径为2.25米、高为15米的助推器。长征二号捆绑式火箭主要用于发射近地轨道（LEO）有效载荷。配以合适的上面级，可进行中高低轨道、地球同步转移轨道等卫星的发射。长征二号捆绑式火箭的研制成功，使我国首次突破了助推器捆绑等36项关键技术，为我国的运载火箭进入国际发射服务市场起到了重要的推动作用。

1994年8月28日，长征二号E火箭把第三颗澳大利亚的卫星准确送入预定轨道。图为在技术厂房内的澳大利亚卫星

长征二号E火箭在技术厂房

长征二号E火箭雄姿

长征二号捆绑式火箭的近地轨道运载能力达到9.5吨。全箭起飞质量460吨，全长49.7米，一、二子级直径3.35米，卫星整流罩最大直径4.2米。它的一子级和二子级使用偏二甲肼（UDMH）和四氧化二氮（$N_2O_4$）作为推进剂。在长征二号捆绑式火箭的第二级上安装一个固体发动机可用于发射地球同步通信卫星。该组合在1995年11月和12月成功地发射了亚星二号和回声一号卫星。在长征二号捆绑式火箭的第二级上安装一个变轨上面级——ETS，可以承揽中轨道多星发射任务。

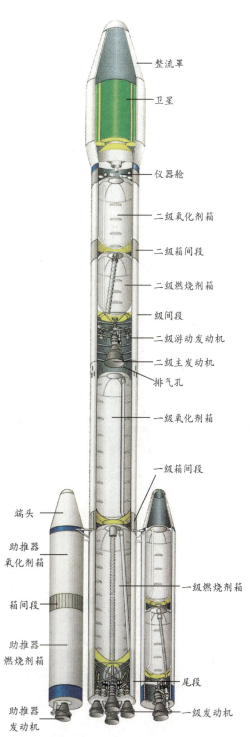

整流罩
卫星
仪器舱
二级氧化剂箱
二级箱间段
二级燃烧剂箱
级间段
二级游动发动机
二级主发动机
排气孔
一级氧化剂箱
一级箱间段
端头
助推器氧化剂箱
箱间段
助推器燃烧剂箱
一级燃烧剂箱
尾段
助推器发动机
一级发动机

长征二号E火箭结构图

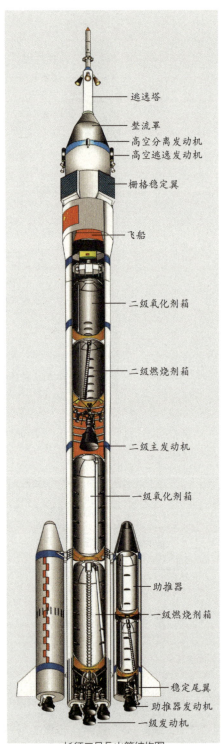

逃逸塔

整流罩
高空分离发动机
高空逃逸发动机

栅格稳定翼

飞船

二级氧化剂箱

二级燃烧剂箱

二级主发动机

一级氧化剂箱

助推器

一级燃烧剂箱

稳定尾翼
助推器发动机
一级发动机

长征二号F火箭结构图

长征二号F火箭是中国目前唯一用于发射载人飞船的火箭。它是在长征二号E即长征二号捆绑式火箭的基础上，按照载人航天工程总体任务和技术指标要求而研制的。

1999年11月20日，中国第一艘载人试验飞船"神舟一号"在中国酒泉卫星发射中心，由长征二号F火箭发射升空。

神舟飞船在厂房

长征二号F火箭整流罩在吊装

长征二号 F 火箭

　　2001年1月10日、2002年3月25日和12月30日，长征二号F火箭又进行了三次不载人飞船的发射，飞船在太空运行时间总计近7天，发射和回收均十分成功。前四次不载人发射试验表明，长征二号F火箭是一种强大而可靠的载人运载火箭，已能满足发射飞船载人飞行的要求。

　　2003年10月15日9时整，长征二号F火箭在酒泉卫星发射中心载人航天发射场发射升空，将载有中国第一名航天员杨利伟的神舟五号飞船准确送入预定轨道。

2003年10月15日航天员杨利伟出征

2003年10月16日6时28分神舟飞船返回舱返回地面

长征二号F火箭

2005年10月12日9时整，长征二号F
火箭将神舟六号载人飞船发射升空，进行
中国的第二次载人航天飞行。

神舟六号航天员费俊龙（前左）、聂海胜（前右）

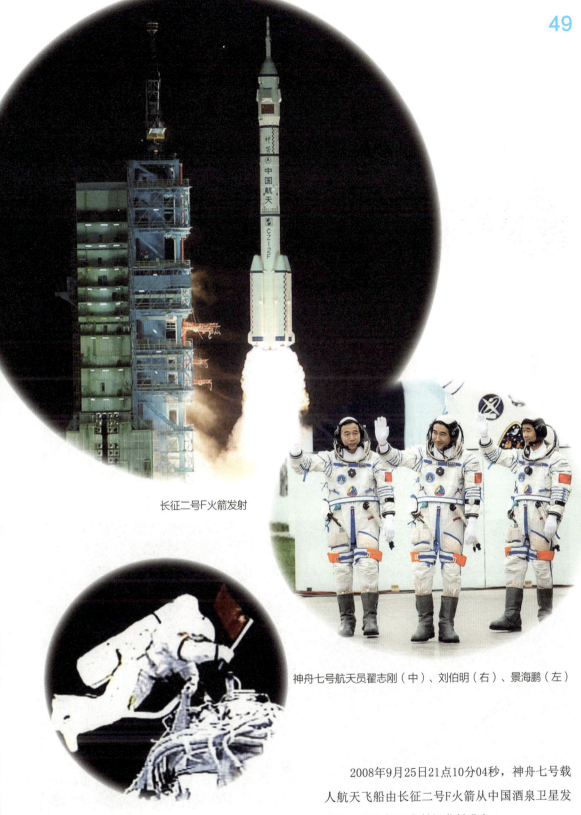

长征二号F火箭发射

神舟七号航天员翟志刚（中）、刘伯明（右）、景海鹏（左）

2008年9月27日16时35分，神舟七号航天员翟志刚出舱

2008年9月25日21点10分04秒，神舟七号载人航天飞船由长征二号F火箭从中国酒泉卫星发射中心载人航天发射场发射升空。

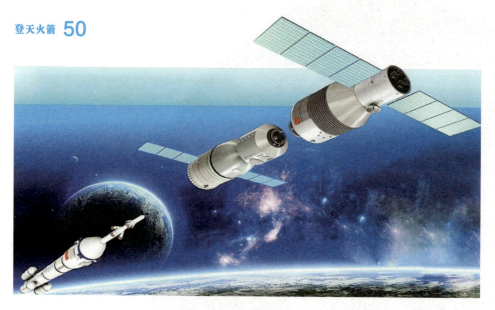

神舟飞船与天宫一号目标飞行器对接

神舟八号是一艘无人飞船，2011年11月1日由改进型长征二号F火箭顺利发射升空，并与"天宫一号"目标飞行器进行了空间交会对接。组合体运行12天后，神舟八号飞船脱离天宫一号并再次与之进行交会对接试验，这标志着我国已经成功突破了空间交会对接及组合体运行等一系列关键技术。

神舟八号飞船转运到发射场

神舟九号航天员刘洋（左）、景海鹏（中）和刘旺（右）

2012年6月16日，神舟九号飞船在酒泉卫星发射中心发射升空。飞船搭载三名航天员进入太空，实施首次载人空间交会对接任务。其中包括一名女航天员刘洋。

神舟十号飞船在吊装

神舟十号飞船是中国第五艘搭载航天员的飞船，2013年6月11日由长征二号F火箭成功发射，在轨飞行15天，并首次开展中国航天员太空授课活动。

2016年10月17日，长征二号F火箭将神舟十一号飞船发射升空。航天员景海鹏、陈冬在完成一系列科学实验、在轨超过30天后安全返回地面。

神舟十号飞船航天员在太空

2013年6月26日，神舟十号载人飞船返回舱返回地面。航天员聂海胜（中）、张晓光（左）、王亚平（右）挥手致意

## 长征三号家族

　　长征三号火箭是三级火箭，它的一、二级是在长征二号丙火箭的基础上研制的，它的三级采用了低温高能液氢液氧发动机。火箭全长44.86米，地球同步转移轨道运载能力为1.6吨。长征三号火箭的成功发射，是中国运载火箭发展史上的一个重要里程碑，标志着中国运载火箭技术跨入世界先进行列。它首次采用了液氢、液氧作为火箭推进剂，首次实现火箭的多次启动，首次将有效载荷送入地球同步转移轨道。长征三号火箭经历了首次发射失败，1984年4月8日第二次发射，成功地将东方红二号通信卫星送入预定轨道。

　　1990年4月7日晚9时，长征三号火箭成功发射了由美国休斯公司制造的亚洲一号通信卫星，成为第一枚发射外国卫星的中国火箭。

长征三号火箭成功发射亚洲一号通信卫星　　　　　　　　东方红二号试验通信卫星

火箭在技术厂房

1985年10月26日，我国对外宣布：中国自行研制的长征系列运载火箭投入国际市场，承揽卫星发射服务。从此，长征火箭向世人撩开神秘的面纱，接受国际商业发射服务市场的考验和洗礼。

在这之后的几年时间里，中国的专家们走出国门推销长征火箭，陆续与一些国家达成合作意向，但都没有最终结果。直到1989年1月，长城公司与香港亚洲卫星公司签订用长征三号火箭发射亚洲一号通信卫星的合同，长征火箭才终于成功签下第一单。

在商务谈判的基础上，中国的火箭专家开始与卫星制造商美国休斯公司进行技术协调。由于刚刚走出国门，一开始，中国的火箭专家们遇到了很大阻力。过去，由于中国航天对外保密，对一些国际惯例十分陌生，如果按过去的保密要求与国外客户洽谈合作，根本没法往下进行。为此，上级领导把保密的界定权交给了火箭总设计师。这样，火箭专家们就能放开手脚根据实际情况进行工作了。

在技术谈判过程中，中、美双方密切配合，解决了一些重大难题。为使卫星能够适应中国火箭，美方更换了远地点发动机；为了适应卫星的技术要求，中方对火箭进行了五项重大修改设计。1989年12月，在美国洛杉矶评审会上，中、美双方一致通过了项目评审。美国总统在圣诞节前宣布：同意美国休斯公司的卫星用中国长征三号火箭发射。

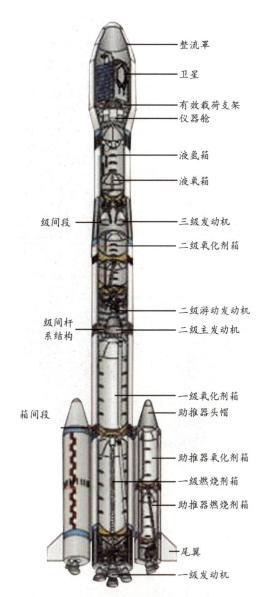

长征三号乙火箭结构图

长征三号甲火箭是三级火箭，继承了长征三号火箭的成熟技术，采用了新设计的液氢液氧三子级。火箭全长52.52米，主要发射地球同步转移轨道的有效载荷，其地球同步转移轨道的运载能力为2.6吨。1994年2月8日，第一枚长征三号甲火箭在西昌卫星中心发射成功，将一颗实践四号空间探测卫星和一颗"夸父一号"模拟卫星送入地球转移轨道。

实践四号环境探测卫星

长征三号甲火箭

1997年5月12日，长征三号甲火箭发射东方红三号通信卫星。该卫星是我国自行研制的第三代通信卫星，接近国际先进水平。东方红三号通信卫星主要用于国内电视传输、电话、电报、传真和数据传输等通信业务

长征三号甲火箭待命发射

## 小故事：紧急抢救"受伤"火箭

2003年10月22日，发射中星20号卫星的长征三号甲火箭在发射架上完成组装。紧接着发射架活动塔的各层活动平台陆续推出，下午3:30左右，当操作手打开七层平台时，液压系统突发故障，活动平台不听"指挥"，到了该停的位置仍继续前行，鲁莽地撞上了火箭的身躯。

现场人员被这意外的一幕弄得惊呆了。

"火箭受伤了！""伤得重不重？影响发射吗？"从火箭总指挥龙乐豪、总设计师贺祖明，到普通发射队员和发射基地官兵，个个心情沉重。

一场紧急"抢救"长征三号甲火箭的战役就此打响。

要知道火箭伤得重不重，首先要对火箭进行全身"体检"。检查从两个方面进行，一是"外伤"，二是"内伤"。"外伤"指能看得见、摸得着的损伤，如结构变形、断口、裂口等；"内伤"指要通过检测、虽看不见但客观存在的隐患（如泄漏、内部断开、结构强度下降等损伤）。要通过测试、分析对比才能知道功能性能是否满足要求。

经检查发现：三级箭体绝热层有一处破损，需要修补；三级姿控发动机组整流罩下部被挤压变形，已不能满足使用要求，需要更换；姿控发动机组两台分机局部严重变形，受损部位机组需要更换。

这是"外伤"。至于火箭是否受了"内伤"，则需要进行一系列严格的测试和分析才能确定。有关方面成立了由5位成员组成的专家组，飞赴西昌指导现场试验，并进行测试。

经过紧急"抢救"，28日，专家组对火箭情况进行了讨论。专家组一致认为，经过紧急处理后，火箭满足发射要求，可以使用，并在核查结论上郑重地签上了自己的名字。

11月15日，"伤后痊愈"的长征三号甲火箭圆满完成了发射任务。

　　长征三号乙火箭是在长征三号甲和长征二号捆绑式火箭成熟技术基础上研制的三级大型液体捆绑式运载火箭，其芯级与长征三号甲火箭基本相同，一子级壳体捆绑4个标准液体助推器。火箭全长54.84米，主要发射地球同步转移轨道的重型卫星。其地球同步转移轨道的运载能力为5.4吨。1997年8月20日，长征三号乙火箭第二次发射获得成功。

　　其实长征三号乙火箭的研制并不是一帆风顺的。1996年2月15日凌晨3时01分，长征三号乙火箭首飞，发射国际卫星708。火箭起飞2秒后，令人目瞪口呆的一幕发生了：只见火箭没有按通常的轨迹垂直飞行，而是改变航向，倾斜着向对面的山体飞去。22秒后火箭一头撞在山头上，星、箭俱毁。这一事件在国际航天界引起轰动，给中国航天事业造成了巨大损失。

2007年5月14日，长征三号乙火箭在西昌卫星发射中心成功将我国制造的尼日利亚通信卫星一号送上太空。这是我国首次以火箭、卫星及发射支持的整体方式，为国际用户提供商业卫星服务，标志着我国实现了整星出口"零"的突破

2005年4月12日长征三号乙火箭发射法国制造的亚太六号通信卫星成功

亚太六号通信卫星整流罩吊装

## 小故事：长征三号乙火箭从逆境中"雄起"

1996年2月15日首飞失败后，长征三号乙火箭研制队伍痛心疾首。他们原本沸腾的心忽然降至冰点，整个队伍面临着巨大的精神压力。

三天后，长征三号乙火箭首飞故障分析委员会、调查委员会、审查委员会开始工作。经过三个月挑灯夜战，终于在5月18日百分之百复现了故障现象。理论分析与地面仿真试验表明，故障原因是一只电子元器件的制造工艺缺陷，使其功能突然失效，致使惯性基准倾倒，火箭飞行失败。在此基础上，又经过三个月的紧张工作，设计师系统提出并完成了44项256条改进措施。

卧薪尝胆的长征三号乙火箭研制队伍在首次发射失利一年半之后，终于盼来了扬眉吐气的一天。1997年8月20日，长征三号乙第二枚火箭成功地发射了美国为菲律宾制造的"马部海"通信卫星。胜利喜讯传来，许多研制人员百感交集、潸然泪下。

2013年12月2日，怀抱"玉兔号"月球车的嫦娥三号探测器由长征三号乙火箭在西昌卫星发射中心成功发射

长征三号丙火箭起飞瞬间

长征三号丙火箭是在长征三号乙火箭的基础上研制的，主要改进是减少了两个助推器并取消了助推器上的尾翼。火箭全长54.84米，主要发射地球同步转移轨道的有效载荷，可以进行一箭多星发射或发射其他轨道的卫星。其地球同步转移轨道的运载能力为3.8吨。

### 长征四号家族

长征四号系列火箭是我国发射太阳同步轨道卫星的主力火箭，因此被称为"追赶太阳的火箭"。

在茫茫太空中，有一类卫星由于每天出现在人们头顶的时刻总是像太阳升起一样准时，而被称为太阳同步轨道卫星。这类卫星主要为人类提供气象预报、环境资源勘测等服务，如中国的风云一号气象卫星、资源一号卫星等。在这些大名鼎鼎的卫星背后，每一次人们都能看到长征四号火箭的英姿。

长征四号火箭是三级火箭，一、二、三级均采用常规液体推进剂。火箭全长41.9米，起飞推力约300吨。后来经过改进，形成了长征四号甲、长征四号乙和长征四号丙三种型号。

长征四号甲火箭

1988年9月7日，第一颗风云一号气象卫星在太原卫星中心由长征四号甲火箭发射升空

长征四号甲火箭可把1.6吨重的卫星送入900千米高的太阳同步轨道，还可将3.8吨重的卫星送入高400千米、倾角70度的低地球轨道。长征四号甲火箭采用了多项新技术，如采用数字式姿态控制系统、双向摇摆伺服机构、三级单层结构共底贮箱等，具有研制成本低、可靠性高、适应性强、操作方便等优点。长征四号甲火箭还具有一箭多星发射的能力。

长征四号甲火箭有两次成功发射风云一号太阳同步轨道气象卫星的记录。当时中国成为世界上继美国、苏联之后第三个能够发射太阳同步轨道气象卫星的国家。

1990年9月3日长征四号甲火箭成功将第二颗风云一号气象卫星送入预定太阳同步轨道

长征四号甲火箭在技术厂房

长征四号乙火箭是在长征四号甲火箭基础上发展的一种运载能力更大的运载火箭。火箭全长45.58米，900千米高度极地轨道的运载能力为1.45吨。

2000年9月1日、2002年10月27日和2004年11月6日，长征四号乙火箭连续成功发射了3颗资源二号卫星。中国资源二号是传输型遥感卫星，主要用于国土资源勘查、环境监测与保护、城市规划、农作物估产、防灾减灾和空间科学实验等领域

1999年10月14日，长征四号乙火箭以"一箭双星"的方式成功地将中国和巴西联合研制的资源一号卫星和巴西科学探测卫星送入预定轨道

1999年5月10日，在太原卫星发射中心第一枚长征四号乙火箭成功将一颗风云一号卫星和实践五号科学实验卫星送入高度为870千米的太阳同步轨道

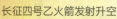

长征四号乙火箭发射升空

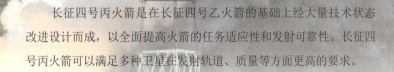

长征四号丙火箭是在长征四号乙火箭的基础上经大量技术状态改进设计而成，以全面提高火箭的任务适应性和发射可靠性。长征四号丙火箭可以满足多种卫星在发射轨道、质量等方面更高的要求。

长征四号丙火箭发射

## 小故事：长征四号乙火箭惨遭"沐浴"

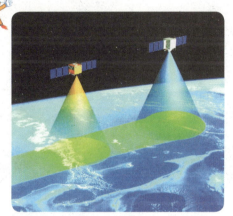

实践六号卫星工作示意图

2004年9月4日早上6点，竖立在发射架上的长征四号乙火箭正静静地等待推进剂加注。此时，消防系统突发故障，数吨消防用水从管路中喷涌而出，扑向没有任何防护措施的火箭。等10分钟后故障排除时，火箭已经被浇了个"透心凉"，80%的部位都被淋湿了。

这是中国火箭史上从来没有遇到过的事故。只要有一个地方发生短路，火箭发射就会功败垂成。卫星已经安放在火箭上，时间已不允许有太长的等待，是放弃发射还是排除故障坚持做下去？发射队面临着一个困难的抉择。

放弃是最容易的选择，因为没有任何以往的经验可以借鉴，但这样做时间、金钱、信誉的损失都很大。经过利弊权衡，火箭总指挥和总设计师层毅然决定：排除故障，恢复火箭可靠性，继续发射。

于是，发射中心出现了令人难忘的一幕：无论是年近花甲的老专家，还是初出茅庐的年轻人，所有的人都在用毛巾悉心擦拭火箭。没有任何抱怨，只有必须成功的信念。

40多台设备，50多条电缆，110多个插头，1万多个接点，逐一烘干，逐一检查，所有工作在三天三夜间完成了。有人病了，有人摔倒了，但没有一个后退的。针对出现的问题，发射队召开了数十个会议，解决了一个又一个难题，制定了针对各种可能出现情况的预案。

9月7日，因为淋水而带来的问题全部解决了。全箭又一次加电测试。当测试数据显示各项指标都在合格范围之内时，大家才轻轻地松了口气。

9月9日，长征四号乙火箭不负众望，以一次完美的升空，将实践六号卫星准确送入轨道。

长征二号E捆绑式火箭

## 为什么火箭捆绑起来更有威力

在运载火箭的一子级周围捆绑多个助推器（液体或固体火箭发动机）的技术称为火箭的捆绑技术。捆绑技术是加大火箭推力的重要技术。多级火箭串联受到结构的限制不能连接得太长，目前最多串联到四级，如要增加起飞推力，就要将发动机并联。目前大推力火箭多采用这种技术。

长征二号捆绑式火箭是中国第一种采用捆绑技术的火箭。它是以加长型长征二号丙火箭为芯级，捆绑4台液体助推器而构成的一种近地轨道两级液体运载火箭。

长征二号E火箭发射澳赛特B1卫星

1986年，美国航天飞机、火箭及欧洲的"阿里安"火箭接连发生事故，国际卫星发射市场出现"排队"等待火箭的情况。这对中国火箭来说，是走向国际市场的难得机遇。

当时，中国运载火箭只能发射1.3吨左右的地球同步轨道卫星，而西方一些航天大国已经推出新一代质量约3吨的大容量、长寿命卫星。要想抓住机遇，赢得市场，必须尽快研制出新一代大推力运载火箭。

在中国运载火箭技术研究院一间简朴的会议室里，研究院领导和有关专家一起悄悄酝酿了一个大胆的方案——以成熟的长征二号丙为芯级，在一级箭体上并联4个助推器，使发动机总推力达到600吨，这样可使火箭低轨道运载能力从2.5吨提高到9.2吨，配上不同推进剂的上面级可把3～4.8吨重的卫星送入地球同步轨道。这个方案中的火箭便是长征二号捆绑式火箭。

承担中国火箭走向国际市场任务的长城总公司工作人员和火箭专家们，拿着长征二号捆绑式火箭的草图到国际市场上投标并四处游说。凭着长征火箭良好的发射纪录和有竞争力的报价，还在纸面上的长征二号捆绑式火箭赢得了第一份合同——发射两颗由美国休斯公司制造的澳大利亚卫星。

长征二号E火箭发射升空

按照合同规定，从开始研制到第一次发射试验，时间只有18个月，而按照常规，这个过程需要四五年的时间。一张令人无法接受的计划调度表摆在了火箭研制人员面前。看过这个计划，无论是研究所的所长、工厂的厂长，还是车间里的老工人都纷纷摇头：一年半要赶出四五年的活儿，太难了！总装二级震动箭时，车间主任掰着指头压缩了又压缩，大着胆子对研究院院长王永志说："我只要一个半月！"王院长嘿嘿一笑："哪有一个半月？只给你18天！"

18个月，火箭研究院成为灯火辉煌的不夜城。18个月后，奇迹出现了：捆绑着4个助推器的长征二号捆绑式火箭巍然屹立在了西昌卫星发射中心。1990年7月16日，长征二号捆绑式火箭首次飞行试验圆满成功！

在厂房里的长征二号E火箭

## 发射载人飞船的火箭和其他火箭有什么不一样

发射载人飞船的火箭与其他火箭最大的不同，是增加了保证航天员生命安全的系统。例如，我国用来发射载人飞船的长征二号F火箭，便是在长征二号捆绑式火箭的基础上，按照发射载人飞船的要求，以提高可靠性、确保安全性为目标研制的运载火箭。火箭由四个液体助推器、芯一级火箭、芯二级火箭、整流罩和逃逸塔组成，也是目前中国所有运载火箭中起飞质量最大、长度最长的火箭。为确保航天员的安全，火箭增加了故障检测处理系统和逃逸系统，其作用是在飞船入轨前监测运载火箭状态，若发生重大故障，载有航天员的飞船就能安全地脱离危险区。2003年10月15日，长征二号F火箭成功地将我国第一艘载人飞船神舟五号和它的乘客——我国第一名航天员杨利伟送上太空，实现了中华民族的千年飞天梦想。

我国首位航天员杨利伟

神舟五号飞船

神舟五号飞船返回舱

## 小故事：为火箭装上"诊断器"

1992年9月，中国载人航天工程正式启动。从这天起，长征火箭便承担了一项新的使命，就是把人送上太空。在这之前，长征火箭的乘客都是卫星，虽然对可靠性和安全性的要求也很高，但那毕竟是没有生命的东西，失败了可以从头再来；但人命关天，人的生命只有一次，一旦要上人，则火箭的可靠性和安全性必须大大提高。因此，尽一切可能确保航天员生命安全的历史重任就落在了新型火箭研制者的肩上。

新型载人火箭被命名为"长征二号F"，它是在长征二号捆绑式火箭的基础上改进而成的，与长征二号捆绑式火箭最大的不同除了运载能力有所提高外，就是增加了两个系统：故障检测系统和逃逸飞行器。作为提高火箭安全性的重要途径之一，在火箭飞行的10分钟之内，故障检测系统要能够准确地检测出火箭发生的异常，一旦这种异常威胁到航天员的生命安全，则系统发出逃逸指令，火箭启动逃逸飞行器，使航天员安全返回地面。

增加故障检测系统相当于给火箭装上一个"报警器"。对于研制者来说，这是一个全新的系统，也是一道挡在前进道路上的难关。它的最大难点在于，必须防止误逃和漏逃。火箭没出问题，事故检测系统如果判断不准，发出逃逸指令，虽然航天员生命保住了，但整个飞行却失败了；火箭出了故障，检测系统没有检验出来，未能发出逃逸指令，则不仅火箭、飞船俱毁，更严重的是会夺去航天员宝贵的生命。

要使航天员安全逃生，必须检测出火箭发生的异常。而检测准确与否，最关键的是确定到底检测哪些参数。火箭的参数成百上千，有涉及姿态的、箱体的、发动机的，等等。参数用的少了，信息量不够；用的多了，又涉及信息本身的可靠性，这是因为信息来源一多，可靠性就要降低，同时增加了判断的难度。

经过反复分析、比较，设计师系统最终确定选用火箭综合性能如飞行姿态、加速度，火箭各级之间分离参数等十几个参数作为逃逸系统判断火箭飞行是否正常、是否需要发出逃逸指令的依据。这项工作的最终成果虽然只是确定了十几个参数，看似简单，实际上却如同沙里淘金，非常艰难，足足花费了研制人员一年多的时间。

长征二号F火箭搭载神舟五号飞船

长征三号甲火箭

## "长征"三兄弟与"嫦娥"三姐妹之间的关系

在我国月球探测工程实施过程中，长征三号甲、乙、丙火箭"三兄弟"，与探月"三姐妹"嫦娥一、二、三号结下了奇妙的"姻缘"：长征三号甲、乙、丙三兄弟，分别承担了嫦娥一号、嫦娥三号、嫦娥二号三姐妹的三次发射任务，而且次次圆满，堪称珠联璧合的完美联姻。

2007年10月24日，长征三号甲火箭成功发射了嫦娥一号探月卫星。一个多月后，嫦娥一号传回的第一幅月面图像公布，标志中国首次月球探测工程圆满成功。

2010年10月1日，长征三号丙火箭将嫦娥二号卫星送入太空。此后三年中，嫦娥二号不仅完成了预定的任务，还飞离月球，出色地执行了一系列拓展性试验任务。

嫦娥一号传回首幅月面图像

嫦娥二号

2010年11月8日，嫦娥二号卫星首次传回月球虹湾区域局部影像图，月球上的环形山和石块都清晰可见

2012年12月13日16时30分09秒，距地球约700万千米远的深空，嫦娥二号卫星成功飞越以西方凯尔特人神话中"战神"图塔蒂斯命名的小行星，嫦娥二号拍摄到世界首张战神小行星图片

2010年10月1日，嫦娥二号在西昌卫星发射中心发射升空，并获得了圆满成功

2013年12月2日，长征三号乙火箭成功地将嫦娥三号月球探测器发射入轨。12月14日，嫦娥三号在月球虹湾地区成功实现软着陆，并开始执行科学探测任务。

火箭进入发射程序

火箭底部

整流罩吊装

长征三号乙火箭发射

嫦娥三号探测器

2013年12月14日，中国嫦娥三号探测器在月球成功实现软着陆并随后释放出玉兔号月球车

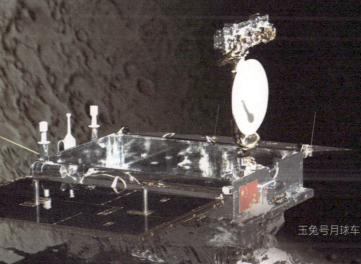

玉兔号月球车

# 中国最新的火箭是什么样子

## 长征五号火箭

2016年11月3日，在海南文昌航天发射场中国运载能力最大的火箭——长征五号首飞成功。长征五号火箭是目前我国研制的无毒、无污染的新一代运载火箭的"代表作"。

中国新一代运载火箭的特点可以用"一低""两高""三先进"来概括。

"一低"，就是低成本，简单说就是"便宜"。

中国新一代运载火箭遵循"一个系列、两种发动机、三个模块"的总体发展思路，全面贯彻"系列化、组合化、通用化"的"三化"设计思想。三个模块是指直径分别为5米、3.35米、2.25米的火箭模块，两种发动机是指氢氧发动机和液氧/煤油发动机，一个系列是指用三个模块形成新一代运载火箭的基本型，再以基本型为基础，通过助推器和上面级的不同组合，形成新一代运载火箭系列化型谱。通俗地说，新一代运载火箭的每个模块就像一块积木，它们像搭积木似的进行组合，形成不同运载能力的火箭。

实行"三化"设计，可大大节约研制成本，缩短生产周期，有利于火箭的批量生产，可以最大限度地满足未来繁重的发射任务的需要。同时，新一代运载火箭采用新的材料，使用新的生产工艺，这些材料和工艺与传统材料和工艺相比，成本将大幅降低。

长征五号火箭全貌

长征五号火箭整流罩

长征五号火箭助推器

"两高"，就是高可靠性和高安全性。新一代火箭的氢氧发动机和液氧/煤油发动机采用的是无毒、无污染的推进剂，有利于环境保护；新一代火箭将主要在海南发射场发射。由于我国现有的三个发射场都位于内陆地区，火箭发射航区和落区的范围大，也很难完全避免落区人员和财产损失。选择沿海发射场将彻底解决这一问题。

"三先进"，就是运载能力大、适应性强、技术领先。

新一代火箭可实现多轨道、多星发射，既可发射近地轨道、太阳同步轨道卫星，也可发射地球同步轨道卫星，而且可以实现一箭发射多颗不同轨道卫星，体现了较强的适应性。

新一代运载火箭的基本型长征五号火箭近地轨道最大运载能力为25吨，地球同步转移轨道最大运载能力为14吨，接近国际主流火箭的水平。

长征五号火箭发射

长征五号安全运抵海南文昌

长征五号火箭尾部

长征五号火箭吊装，运进集装箱

长征七号火箭雄姿

火箭与整流罩对接

### 长征七号火箭

长征七号是中国载人航天工程为发射货运飞船而全新研制的新一代中型运载火箭。箭体总长53.1米，芯级直径3.35米，捆绑4个直径2.25米的助推器。

长征七号火箭总装

长征七号火箭发射

长征七号火箭卸船

火箭转运发射场

　　2016年6月25日，长征七号火箭从海南文昌航天发射场首次成功发射，这也是文昌航天发射场的首次发射任务。

　　长征七号火箭未来将主要承担运载天舟飞船并逐步取代长征二号、长征三号、长征四号系列火箭。

　　长征七号火箭运载能力近地轨道达到13.5吨，太阳同步轨道达到5.5吨，采用液氧煤油发动机，智能化芯片可为火箭进行自我检测。同时火箭进行了"防水"设计，实现了雨中条件下的正常发射。海南的气候多变，设计人员专门设计了防风减载装置，火箭可在8级风的情况下进行垂直转运。

# 火箭起飞的地方

　　世界上所有航天大国都有自己的系列运载火箭。这些在不同国家诞生的各具特色的火箭，又从不同的发射场起飞，飞向浩瀚的太空。这些发射场有的地处人烟稀少的沙漠戈壁，有的位于风景如画的美丽海滨，还有的则干脆建在海面上。

　　发射场，是航天另一道壮美的风景。

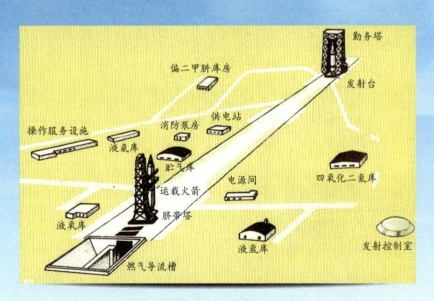

典型发射场示意图

## 中国的四大航天发射场

　　中国目前在用的航天发射场有酒泉卫星发射中心、太原卫星发射中心、西昌卫星发射中心和海南文昌航天发射场，共四个。其中，海南文昌航天发射场是专为中国新一代运载火箭发射而建设的。

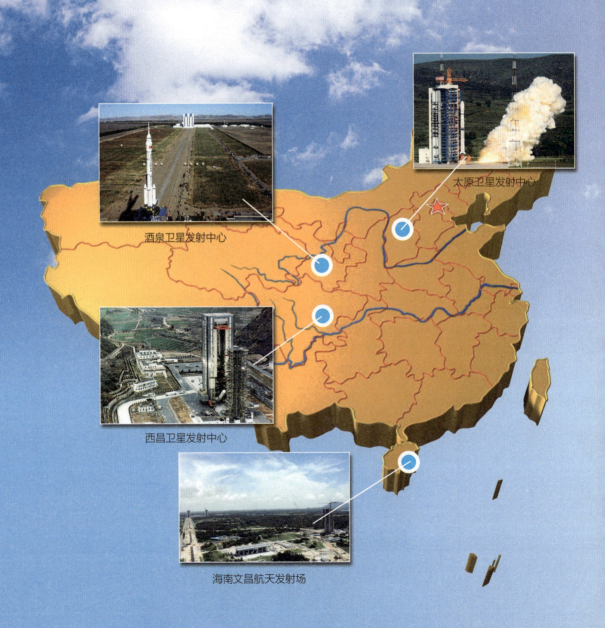

酒泉卫星发射中心

太原卫星发射中心

西昌卫星发射中心

海南文昌航天发射场

酒泉卫星发射中心

　　酒泉卫星发射中心始建于1958年，位于内蒙古西部，是中国最早建成的运载火箭发射试验基地。该中心一般用来发射较大倾角的中、低轨道卫星以及载人飞船。中心自创建以来，创造了中国航天史上的多个第一：1970年4月24日，中国的第一颗人造地球卫星在这里升起；1975年11月26日，第一颗返回式卫星在这里升空；1980年5月18日，第一枚远程弹道导弹从这里飞向太平洋；1981年9月20日，第一次用一枚火箭将三颗卫星送上太空。此外，还有第一次为国外卫星提供发射搭载服务、发射第一艘载人飞船等。

2003年10月15日，首次执行载人航天任务的神舟五号飞船在酒泉升空。图为航天员杨利伟在太空

东方红一号卫星

返回式卫星安全返回地面

太原卫星发射中心位于山西省太原市西北的高原地区，主要担负太阳同步轨道气象、资源、通信等多种型号的中、低轨道卫星的发射任务。中心先后成功地发射了我国第一颗太阳同步轨道气象卫星风云一号，第一颗中巴资源一号卫星，第一颗海洋资源勘察卫星等。

风云一号气象卫星

资源一号卫星

海洋一号卫星

长征二号丙火箭在太原卫星发射中心发射实践九号A/B卫星

西昌卫星发射中心位于四川省西部大凉山地区，主要承担通信广播、气象等地球同步轨道卫星的发射任务。1984年1月，中国第一颗通信卫星从这里升空。1990年4月，该中心承担我国第一次国际商业发射服务任务，成功发射了美国制造的亚洲一号通信卫星。它也是中国对外开放最早、承担卫星发射任务最多、综合发射能力较强的航天发射场。

东方红二号通信卫星

亚洲一号通信卫星

西昌卫星发射中心

长征七号火箭

为满足发射正在研制的新一代无毒、无污染运载火箭和新型航天器的需要，我国于2009年9月在海南省文昌市开始建设新的航天发射中心。

## 为什么选择海南作为新的发射场

海南岛是中国陆地纬度最低、距离赤道最近的地区。火箭发射场距离赤道越近、纬度越低，发射卫星时就可以尽可能利用惯性产生的离心现象，降低发射能耗，使用同样燃料可以达到的速度也更快。在海南发射地球同步卫星比在西昌发射火箭的运载能力可以提高10%～15%，卫星使用寿命也可以相应延长。同时，长征系列火箭由于受到铁路运输的限制，其组件的最大直径只能限制在3.5米，发射基地选在海南，火箭可以通过水陆运输，火箭的大小不再受铁轨的限制。另外，从海南岛发射的火箭，其发射方向1000千米范围内是茫茫大海，因此坠落的残骸不容易造成人员的伤害和财产的损失。

海南文昌航天发射场

# 航天发射场建设需要什么条件

航天发射场是将火箭、卫星或其他航天器送入太空的地方，又叫航天发射中心、卫星发射中心、航天港等。

航天发射场一般由技术区、发射区、指挥控制中心以及辅助的气象站、观测站、跟踪测量站等组成。技术区建有发射台、发射塔、发射控制室、燃料库、水塔等设施。发射台和总装厂房通过道路连接在一起。

航天发射场地址的选择有很多讲究，主要是根据航天器的轨道要求、地面测控配置、安全保障、气象条件等诸多因素综合考虑。例如，为提高发射地球同步轨道卫星的能力，应将发射场设在低纬度地区，以接近赤道为好；如发射太阳同步轨道卫星，应将发射场设在高纬度地区，以接近两极为好；如卫星运行方向与地球自转方向相同，应充分利用地球自转速度，把发射场设在低纬度地区并且向东发射。

当然，建设航天发射场的要求还有很多，如充足的水源、较好的地质构造和气候条件、方便的交通等。

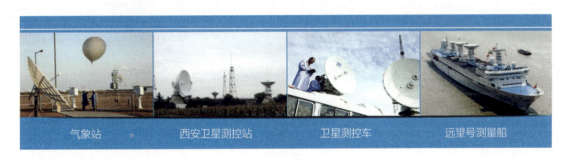

气象站　　　　西安卫星测控站　　　　卫星测控车　　　　远望号测量船

长征二号F火箭

链接

## 什么是火箭的"发射窗口"

航天器要发射成功，必须准确选择发射窗口。天空广阔无边，哪里有"窗口"呢？事实上，航天发射的"窗口"是个时间概念，指的是允许运载火箭发射航天器的时间范围，也就是发射时机。

发射窗口的确定需要考虑许多因素，比如天体运行的轨道条件，航天器的轨道要求和工作条件，地面跟踪测控以及气象条件等。其中航天器要进入什么轨道，是一个很重要的因素。

美国飞马座运载火箭空中发射场面

## 除了地面，火箭还可以在哪里发射

目前，运载火箭的发射大致有三种方式：一是从地面固定发射场发射，二是从空中发射，三是从海上平台发射。

早先，运送航天器的运载火箭都是从地面发射场发射的。这种发射场有的规模很大，设施齐全，可以发射多种型号的运载火箭。地面发射场受地理位置等种种因素的制约，限制了航天器的发射范围，难以满足各种类型航天器的需求，于是出现了从空中发射和从海上平台发射运载火箭的方案。

1986年，美国火箭专家提出了从空中发射飞马座运载火箭的设想。从空中发射是用飞机将运载火箭运送到高空后，再将火箭释放，火箭在空中点火飞向预定轨道。采用这种发射方式，飞机可以在不同地点的机场起飞，飞到地面上空任何地点发射，不受地理位置的限制。这样，不仅增加了发射窗口的机会，而且还能扩大轨道倾角的范围，因而具有很大的灵活性。从空中发射，地面辅助设备较少，发射操作简单，易于解决发射时的安全问题。这时候，载机相当于运载火箭的基础级，所以能提高运载火箭本身的运载能力，与对等的从地面发射的运载火箭相比，运载能力几乎可以提高一倍。由此可见，从空中发射运载火箭具有很多有利因素，也具有很大的发展潜力。

与地面发射场相比，从海上平台发射运载火箭同样具有多种优势。第一，可以灵活选择发射地点，当选择在赤道附近海域发射时，能充分借助地球的自转速度，提高运载火箭的运载能力；第二，在海上发射时，周围没有居民点，火箭落区的选择范围较大，从而可以优化设计，进一步提高火箭的运载能力；第三，发射地区的安全问题、污染问题也可降到最低程度。1995年，俄罗斯、美国、乌克兰、挪威等国的几家公司经过充分的调查研究和可行性论证之后，决定成立一家跨国股份公司，建造一个主要由一座海上石油开采平台改装的海上发射平台和一艘指挥控制船组成的海上发射场。1999年10月19日，乌克兰研制的天顶三号运载火箭在海上平台首次进行了商业发射，顺利地将美国一颗重达3.45吨的直播电视卫星送入预定轨道。

海上发射示意图

天顶三号运载火箭在海上平台场景

俄罗斯天顶三号运载火箭在海上平台发射

拜科努尔发射场

## 国外有哪些著名的火箭发射场

为了满足火箭发射的需要，世界各主要航天大国同其他国都建设了自己的发射场。

### 拜科努尔发射场

拜科努尔发射场位于哈萨克斯坦共和国的拜科努尔市西南288千米，始建于1955年，是当时苏联最大的导弹和航天器发射场，现为哈萨克斯坦所有、俄罗斯租用。

拜科努尔发射场东西长80多千米，南北宽30多千米，场区地形起伏，是人烟稀少的半沙漠草原区。它的主要任务是发射载人飞船、卫星、月球和行星探测器，进行各种导弹和火箭飞行试验，另外还进行拦截卫星和部分轨道轰炸系统的试验。人类第一颗人造卫星人造地球卫星一号、第一艘载人飞船东方一号、第一座空间站礼炮一号都从这里升空。

人造地球卫星一号

东方一号飞船

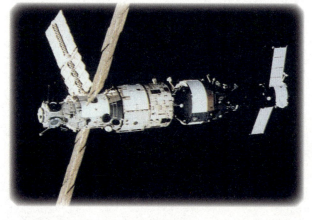

礼炮一号空间站

### 普列谢茨克发射场

普列谢茨克发射场是俄罗斯重要航天发射场之一，位于俄罗斯白海以南300千米的阿尔汉格尔斯克地区，建于1957年。该发射场早期是洲际导弹作战基地，从1966年起用来作为大倾角的侦察、电子情报、导弹预警、通信、气象和雷达校准等卫星的发射基地，所发射卫星大部分为军用。

俄罗斯普列谢茨克发射场一景

安加拉型运输火箭在俄罗斯普列谢茨克发射场

美国卡纳维拉尔角空军基地

## 卡纳维拉尔角空军基地

卡纳维拉尔角空军基地位于美国佛罗里达州中东部海岸，它与位于南面32千米的帕特里克空军基地一起构成一个综合发射场，成为美国国防部在东海岸的发射中心。自1950年以来，美国空军和国家航空航天局在这里发射了3000多枚火箭，大力神火箭、德尔塔火箭、宇宙神火箭及各种探空火箭都曾从这里飞向太空。

卡纳维拉尔角空军基地占地面积达65平方千米。有趣的是，基地的大部分土地成为鹿、鳄鱼和野猪等大量动物的栖息地。

| 大力神火箭 | 宇宙神火箭 | 德尔塔火箭 |

## 肯尼迪航天中心

美国航空航天局所属的肯尼迪航天中心坐落在卡纳维拉尔角空军基地的北面和西面，以宣布实施阿波罗登月计划的美国第35任总统肯尼迪的名字命名。该航天中心长55千米，宽度从8千米到10千米不等。

肯尼迪航天中心建于20世纪60年代早期，是阿波罗计划土星五号火箭的发射场。登月计划结束后，该中心用于支持空间实验室计划、阿波罗－联盟试验计划及航天飞机计划。航天飞机运载器及其有效载荷的装配、测试和发射都在该中心进行。根据该中心与美国内政部签署的协议，该中心的非运用区域（缓冲带）已用作野生动物保护区和国家海岸。

用于阿波罗登月的土星五号火箭

肯尼迪航天中心

范登堡空军基地发射火箭

X-37B返回范登堡空军基地

## 范登堡空军基地

范登堡空军基地位于美国加利福尼亚州南部海岸，面积约280平方千米。该基地最初为战略导弹发射基地，1959年开始用来发射卫星。由于其地理位置可以向西发射高倾角轨道和极轨道卫星，弥补了肯尼迪航天中心只能向东发射的不足，所以后来被选为美国第二个航天飞机发射场，同时也是航天飞机的主要着陆场。

## 库鲁发射场

库鲁发射场是法国目前唯一的航天发射场，也是欧洲空间局开展航天活动的主要场所，阿里安火箭都从这个发射场起飞。发射场位于南美洲北部法属圭亚那中部的库鲁地区沿大西洋海岸的一片狭长草原上，地理位置、人口、交通、气象条件都比较理想。由于发射场紧靠赤道，纬度低，对火箭发射有很大好处。该发射场1966年动工兴建，1968年投入使用。自1979年年底阿里安火箭首次发射成功起，这里承担了该系列火箭200余次发射任务，全球一半以上的商业卫星都是从这里发射升空。

阿里安-5火箭

库鲁发射场

日本种子岛发射场

### 种子岛发射场

　　种子岛发射场是日本最大的航天发射场，位于日本本土最南部种子岛的南端，1974年建成，日本大多数试验卫星和应用卫星都是从这里发射。与之相邻的鹿儿岛航天中心主要承担发射科学探测卫星任务。由于日本渔民的反对，这两个发射场只能在每年的1月、2月和8月、9月渔业淡季时进行发射活动。

日本H-2A火箭发射　　　　　　　　日本H-2A火箭全貌

印度斯里哈里科塔发射场火箭升空瞬间

### 斯里哈里科塔发射场

　　斯里哈里科塔发射场是印度的导弹试验和卫星发射场，位于印度南部东海岸斯里哈里科塔岛。发射场于1979年正式使用。1986年7月18日，印度在这里用自行研制的火箭成功发射人造卫星，成为世界上第六个自行发射卫星的国家。

火箭整流罩在吊装　　　　　　SLV-3运载火箭

# 国外各具特色的火箭

对于任何国家而言，运载火箭技术都是发展航天事业的基础。目前，除中国外，能够研制运载火箭的国家和地区组织包括美国、俄罗斯、欧洲空间局、日本、印度等。因为基本国情、发展道路、技术储备、工业基础的不同，这些国家和地区研制出了各具特色的系列火箭，形成了异彩纷呈的火箭大家族。

美国大力神火箭

俄罗斯质子火箭

欧洲阿里安火箭

印度极地火箭

日本H-2火箭

## 世界上第一种运载火箭

1957年10月4日，由洲际弹道导弹改装而成的卫星号火箭发射了世界上第一颗人造卫星，开创了人类航天新纪元。

卫星号火箭

斯普特尼克一号卫星

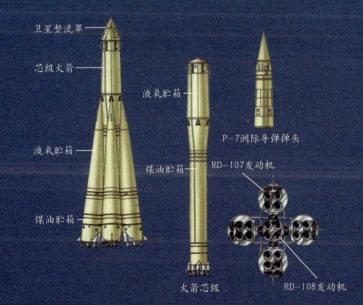

卫星整流罩
芯级火箭
液氧贮箱
液氧贮箱
煤油贮箱
煤油贮箱
P—7洲际导弹弹头
RD—107发动机
火箭芯级
RD—108发动机

卫星号火箭结构图

链接

### 卫星号火箭

卫星号火箭由一级火箭捆绑4个助推器组成，全长29米，近地轨道运载能力为1.3吨。

## 东方号火箭

　　东方号火箭是世界上第一种载人航天火箭。它因发射东方号飞船而得名,1961年4月22日,它将人类第一位航天员加加林送入了太空。东方号是二级火箭,周围捆绑4个助推器,长38米,近地轨道运载能力为4.73吨。

苏联东方号火箭

加加林整装待发

着陆后的东方一号返回舱

　　尤里·阿列克谢耶维奇·加加林,1934年3月9日出生。1961年4月12日,加加林乘坐东方一号宇宙飞船从拜克努尔发射场起航,历时1小时48分钟安全返回,完成了世界上首次载人航天飞行,实现了人类进入太空的愿望。他是世界上第一位航天员,第一个进入太空的地球人,被授予"苏联英雄"称号。1968年3月27日,加加林因飞机失事遇难。为纪念加加林首次进入太空的壮举,月球背面的一座环形山以他的名字命名。加加林成为航天时代的象征。

俄罗斯联盟号火箭

## 世界上发射次数最多的火箭

直到目前，世界上发射次数最多的火箭是俄罗斯的联盟号系列火箭。同时，联盟号系列也是可靠性、安全性比较高的火箭。从1963—2011年年底，联盟号系列火箭共进行了1190次发射，成功率达到97%。

联盟号实际上是东方号系列火箭的一个子系列，但因其作用太突出、地位太重要，所以这里把它单独列出来。

最早的联盟号火箭是在东方号火箭的基础上将二级火箭推力加大，用来发射联盟号飞船并因此得名。它由二级火箭捆绑4个助推器组成，全长近50米，近地轨道运载能力为7.2吨。后来经过不断改进，联盟号系列又衍生出多种型号，用来发射联盟号载人飞船、进步号货运飞船以及一些军用、民用卫星和特殊用途的航天器。

联盟号火箭发射

## 美国创造多项世界第一的火箭

美国研制的德尔塔系列运载火箭自1960年5月首发以来，创造了多项世界第一，如发射了第一颗国际卫星、第一颗地球同步轨道卫星、第一颗商业通信卫星等。

德尔塔是美国波音公司研制的一种液体推进剂系列火箭，包括二级火箭、三级火箭及加上多枚捆绑式助推火箭的多个型号。德尔塔火箭有着非常突出的可靠性和安全性，并因其出色的发射成功纪录而获得大量订单，被称为"太空最繁忙的运载火箭"。

1960年5月13日，第一枚德尔塔Ⅰ火箭从卡纳维拉尔角空军基地发射升空，成功地将回声一号通信卫星送入太空。火箭全长28米，重52吨，低轨道运载能力为220千克。经过不断改进，德尔塔成为运载能力越来越大的系列运载火箭。

德尔塔Ⅱ是一种具有中等运载能力的火箭，可将有效载荷送入近地轨道、极地轨道和地球同步转移轨道。美国空军的全球定位系统卫星（GPS）即由它来发射。德尔塔Ⅱ还发射了多颗民用和商用卫星。它还进行了美国航空航天局多项重要科学任务有效载荷的发射，包括火星探测漫游者"勇气号"和"机遇号"。

20世纪90年代晚期，波音公司研制了德尔塔Ⅲ火箭，以满足日益增长的商业通信卫星发射需求。德尔塔Ⅲ能力基本上达到德尔塔Ⅱ的两倍，可将3.8吨的有效载荷送入地球同步转移轨道。

2002年11月20日，德尔塔Ⅳ首飞成功，将欧洲通信卫星W5送入轨道。德尔塔Ⅳ结合了最新和成熟的运载火箭技术，有5种组装结构，可将5.8～13.1吨的有效载荷送入地球同步转移轨道。

德尔塔Ⅱ火箭

德尔塔D型火箭　　　德尔塔N型火箭　　　德尔塔900型火箭　　　德尔塔2914型火箭

首次登月的美国宇航员阿姆斯特朗（中）、奥尔德林（右）、柯林斯（左）

## 首次将人类送上月球的火箭

　　美国的土星系列运载火箭，是由冯·布劳恩火箭研究小组为实现阿波罗登月计划而研制的。1969年7月16日，土星五号火箭把阿波罗11号飞船及航天员送入太空，执行首次登月任务。7月21日，美国航天员阿姆斯特朗和奥尔德林成功登上月球。作为第一个登上月球的人类航天员，阿姆斯特朗说："这是个人的一小步，却是人类的一大步。"这句话后来成为广为流传的名言。

阿波罗登月火箭

土星五号是人类迄今为止最高、最重、推力最大的火箭，堪称火箭中的"巨无霸"。它的起飞质量为3000吨，直径10米，连同它顶部的阿波罗飞船和逃逸火箭一起高度达到111米，近地轨道运载能力达到119吨，可把重达50吨的阿波罗飞船送入登月轨道。土星五号先后将12名航天员送上月球。

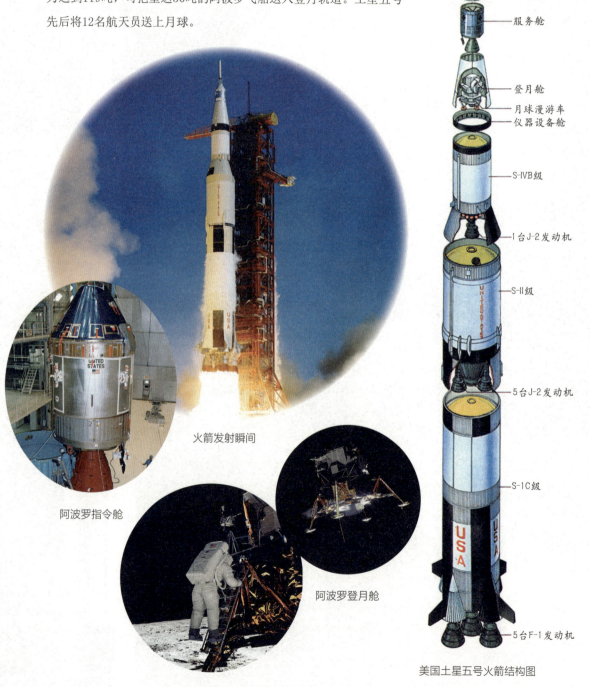

火箭逃逸塔系统

指令舱

服务舱

登月舱

月球漫游车

仪器设备舱

S-IVB级

1台J-2发动机

S-II级

5台J-2发动机

S-IC级

5台F-1发动机

美国土星五号火箭结构图

火箭发射瞬间

阿波罗指令舱

阿波罗登月舱

航天员奥尔德林走下登月舱

猎鹰9号火箭携带"龙"飞船成功发射

# 由私人资本研制的火箭

猎鹰系列运载火箭由美国太空探索技术公司研制,它由私人资本研制。太空探索技术公司由艾伦·马斯克创建,该公司火箭研制的宗旨是简单、可靠和低成本。

猎鹰1号火箭是两级火箭,可部分重复使用,主要用于商业发射任务。其低轨道运载能力为670千克,极地轨道运载能力为430千克,每次发射只需耗费670万美元(2006年币值)。2008年9月28日,经过三次失败,猎鹰1号终于发射成功,并成为世界上第一枚私人资本研制的火箭。

猎鹰9号在设计上是世界上第一种可完全回收的火箭,可以多次使用。它也是两级液体运载火箭,近地轨道运载能力达到10.45吨,同步转移轨道运载能力达到4.54吨。2010年6月4日,猎鹰9号首次飞行,成功地将"龙"飞船模型送入轨道。2012年5月22日,猎鹰9号成功地将太空探索技术公司研制的"龙"飞船发射升空,使"龙"飞船成为第一艘飞往国际空间站的商业运输飞船。此后,猎鹰9号取代航天飞机,为美国航空航天局向国际空间站运送货物和人员。目前,猎鹰9号火箭一级已多次成功回收,并已经成功复用。

由于猎鹰9号能重复使用,大大降低了发射成本,每次发射的费用仅为美国航空航天局同等质量发射费用的一半,从而大大提高了它的市场竞争力。

"龙"飞船对接国际空间站

## 欧洲的阿里安系列火箭

　　阿里安系列火箭是1973年由法国提议并联合西欧11个国家共同成立的欧洲空间局研制的，目的在于实现并保持欧洲独立进入太空的能力。该系列火箭先后有五代型号。

　　阿里安1型是在"欧洲"号火箭和法国"钻石"号火箭基础上研制的三级液体火箭，1979年12月24日首次发射。火箭全长47.7米，能将2.5吨的有效载荷送入近地轨道，或将1.85吨有效载荷送入地球同步转移轨道。

　　为争取更多国际卫星发射市场上的用户，欧洲太空局研制了阿里安2型和阿里安3型火箭，并于1984年起取代阿里安1型。阿里安3型与阿里安2型的不同在于，前者在后者的基础上捆绑了两台固体助推器，近地轨道运载能力从5吨增加到5.8吨，地球同步转移轨道运载能力从约2.2吨提高到约2.9吨。

阿里安3型火箭

阿里安1型火箭

阿里安2型火箭

阿里安4型火箭发射

阿里安4型是在阿里安3型的基础上研制的，主要目的在于提高运载能力，具有双星和多星发射能力，适应多种发射形式，降低发射成本。阿里安4型有6种子型号，低地轨道运载能力从4.6吨到9.4吨、地球同步转移轨道从1.9～4.2吨均匀分布，组合方式灵活，有较强的适应性。1988年6月发射成功后，阿里安4型取代了阿里安2型和阿里安3型，承担了多次发射任务，被誉为"太空中的老黄牛"。

阿里安5型是根据商业发射市场和近地轨道开发利用的最新需求研制的，于1999年12月10日首次发射成功。相比阿里安4型的三级构型，阿里安5型采用两级构型，由功率强大的液氢/液氧主发动机和两台固体助推器组成，近地轨道运载能力为22吨，地球同步转移轨道运载能力为6.7吨。后来经过改进，阿里安5型的地球同步轨道运载能力达到10吨左右。随着阿里安4型的退役，经过不断改进的阿里安5型成为欧洲的主要运载火箭，能够将各式各样的有效载荷送入轨道。

阿里安5型火箭被运往发射区

# 日本H系列运载火箭

　　H系列运载火箭由日本研制，分为H1系列和H2系列。

　　20世纪60年代末，日本从美国引进"雷神-德尔塔"液体火箭技术，先后发展出N1、N2和H1火箭。

　　H1火箭是三级液体火箭，全长40.3米，直径2.4米，可把1吨重的卫星送入地球同步转移轨道。

　　为了满足未来航天发射需求，日本从1982年开始研制全国产的H2火箭，最终于1994年成功进行首次发射。H2火箭的综合技术水平在同时代是数一数二的，同步转移轨道运载能力约为4吨。

H2B火箭发射前的状态

日本的H2火箭

　　由于H2火箭的发射成本太高，日本在1995年就启动了替换型号H2A系列运载火箭的研制。H2A火箭着眼于降低成本和提高可靠性，通过放弃不切实际的完全国产化的要求，以及火箭设计和工艺的改进，H2A火箭的成本大幅度降低。通过助推器的灵活配置，H2A火箭的地球同步转移轨道运载能力可在4～6吨灵活调节，满足发射不同卫星的需求。

　　2004年，日本开始研制H2B大型火箭。H2B是H2A的升级版本，火箭长56.6米，是以液氧/液氢为推进剂的二级火箭，地球同步转移轨道最大发射能力约8吨，低地轨道的最大发射能力达16.5吨。H2B研制目的之一是将日本研制的货运飞船送往国际空间站，目的之二是组合使用H2A和H2B火箭，以满足更广泛的发射需求。此外，通过提高运载能力实现一枚火箭发射多颗卫星，来降低发射成本，使日本的航天产业更具活力。2009年9月11日，H2B火箭第一次发射，成功地将"希望"号货运飞船送往国际空间站。

　　目前，日本正在研制新一代性能更高的H系列火箭。

## 印度的火箭

印度从1973年开始研发航天运载火箭，这项任务主要由印度空间研究组织来实施。该组织已成功研发了四种型号的运载火箭，它们因承担不同的发射任务而获得不同的命名，即卫星运载火箭(SLV3)、加大推力卫星运载火箭(ASLV)、极地轨道运载火箭(PSLV)、地球同步运载火箭(GSLV)。

SLV3是四级固体运载火箭，全长23米，最大直径1米，起飞质量16.9吨，主要用于发射低轨道卫星，运载能力40千克。

ASLV是将两个SLV3火箭的一级发动机作为助推火箭捆绑在SLV3火箭芯级上而构成，为四级固体运载火箭，全长23.5米，起飞质量39吨，运载能力150千克。

PSLV为四级运载火箭，运载能力太阳同步轨道1吨，400千米近地轨道3吨。

GSLV为三级运载火箭，低温上面级为俄罗斯提供，地球同步转移轨道运载能力为2吨。

印度重型火箭GSLV-Ⅲ

发射中的印度极地轨道火箭

## 为什么要研制可以回收的火箭

传统的火箭都是一次性使用的，发射后落回地面时在大气层中燃烧，只剩下了一些残破的金属片。火箭发射升空后，就像烟花一样，它的生命也就画上了句号。作为一种运载工具，因为无法重复使用，火箭的运费是非常昂贵的，世界上主流运载火箭，每发射一次成本都要达到数千万美元。目前，人类航天最大的短板就是成本太高，这就使得能够进入太空的人数很少。如果掌握了成熟的火箭回收技术，火箭能够像飞机一样重复使用，那么就可以把成本分摊到每次发射上，使得成本大大降低，人类进入太空就容易、方便得多，未来进行太空旅行、太空移民才能实现。

目前，世界上主要航天国家都在设法研制可以回收的火箭。美国太空探索技术公司研制的猎鹰9号火箭，在设计上就是一种可以完全回收的火箭，目前，猎鹰9号火箭的一级已经多次成功回收，并重复使用。除美国之外，中国、俄罗斯、欧洲、印度及日本的火箭专家也在对火箭可重复使用技术进行研究。

猎鹰9号火箭海上回收平台

火箭降落海上浮动平台效果图

猎鹰9号火箭

## "火箭院士"小故事

中国火箭载着中国航天梦飞向太空，"火箭院士"成为中国航天梦从无到有、从弱到强的基石，创造了"两弹一星""载人航天"和"月球探测"等辉煌成就，"火箭院士"在推动我国科技进步、国防建设、经济和社会发展中发挥了重要作用。

## 任新民：促成中国火箭新突破

任新民（1915—2017），安徽宁国人。导弹总体和液体发动机技术专家，中国导弹、火箭和航天技术的重要开拓者之一，"两弹一星"功勋奖章获得者。20世纪50年代起从事导弹与航天型号研制工作，在液体发动机和型号总体技术上贡献卓著。曾作为运载火箭的技术负责人领导了中国第一颗人造卫星的发射；曾担任试验通信卫星、实用通信卫星、风云一号气象卫星、发射外国卫星等六项大型航天工程的总设计师，主持研制和发射工作。

长征三号火箭发射升空

20世纪70年代中期，我国确定将通信卫星工程作为重点任务。要发射通信卫星，必须要有将卫星送入地球同步轨道的火箭，长征三号火箭的研制因此而提上议事日程。在长征三号火箭的研制中，任新民发挥了关键作用。

长征三号火箭的第三级发动机方案本来有两种选择，一是采用常规发动机，二是采用氢氧发动机。常规发动机是现成技术，选用起来比较稳妥，但也较为保守，技术上没有突破。氢氧发动机是新技术，研制中会有一定风险，但是比较先进，符合火箭发展潮流，对长征火箭未来发展有重要意义。专家们围绕究竟采用哪种三级发动机产生了争论。

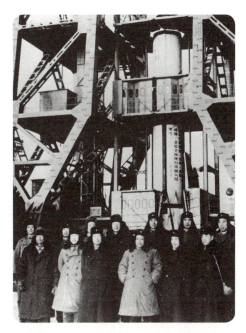

任新民（前排左一）与钱学森（前排左二）
等人在发射场

在这场争论中，任新民坚定地站在了氢氧发动机一边。在确定方案的关键会议上，任新民发言的声音虽然不大，却掷地有声："氢氧发动机是今后航天技术发展所需要的，这个台阶迟早得上，我们已经具备了初步的技术条件与设施设备条件，经过努力一定可以突破技术难关，中国完全有能力赶超世界先进水平，此时的大胆并不是冒进。"任新民将决定性的一票投给了氢氧发动机方案。

做出这个决定并不是任新民一时心血来潮，而是他在充分实践基础上的理性选择。20世纪60年代中期，任新民担任火箭发动机研究所所长时，就带领科研人员对氢氧发动机进行研究论证，70年代初试验获得初步成功，此后研究试验也一直没有间断过。

不仅是长征三号，整个长征系列火箭的历史都是与任新民紧紧联系在一起的。从长征一号火箭的初啼，到高轨道大力神长征三号乙火箭的发威，再到托起中国人飞天梦的长征二号F火箭的远征，甚至无毒、无污染的新一代火箭的腾飞，都倾注了任新民的大量心血。

长征三号火箭转运发射场

## 屠守锷：火箭飞向太平洋

屠守锷（1917—2012），浙江湖州人。曾任我国近程、中程导弹副总设计师，远程导弹和长征二号火箭总设计师。中国科学院院士，"求是"科技奖获得者，"两弹一星"功勋奖章获得者。主持解决了若干重要型号一系列关键技术问题，并参与了我国火箭技术发展重大战略问题的决策，从技术上主持制定了我国运载工具的研究发展规划。

东风五号矗立在发射架上

东风五号运往发射场

1980年5月9日，新华社向全世界发出公告：中国将于1980年5月12日至6月10日进行从中国本土向太平洋发射运载火箭试验。屠守锷一生中经历过许多次发射试验，但没有哪一次像这次举世瞩目。

1980年早春，远程火箭总设计师屠守锷和火箭研究院院长张镰斧一起，率领试验队进入了依然寒气逼人的茫茫戈壁。戈壁滩的天气就像小孩子的脸，说变就变，刚刚还是阳光明媚，转眼就可能飞沙走石。屠守锷身穿工作服，在火箭测试阵地与发射阵地之间穿梭往来，鼻孔、耳朵、衣服里灌满了沙土。他常常一干就是二十多个小时，困了在木板床上打个盹儿，又奔赴现场。

要确保发射成功，远程火箭身上数以十万计的零部件必须全部处于良好的工作状态。在那复杂如人体毛细血管的线路管道上，哪怕有一个接触点有毛病，都可能造成发射失败。尽管有严格的岗位责任制，尽管发射队员个个都是精兵强将，但在屠守锷带着大家进行的几十次眼看手摸和仪器测试中，还是查出了几根多余的铜丝。多悬呀！屠守锷肩上的担子实在太重了。短短几个月，他瘦了一圈，乌黑的头发也白了几许。

火箭在发射塔上矗立起来了。在签字发射之前，屠守锷整整两天两夜没有睡个整觉。仰望数十米高的塔身，他想上去做最后的检查。张镰斧院长考虑到屠守锷的身体，要抢着上塔，但屠守锷说什么也不干。年过花甲的屠守锷不顾连日劳累，一鼓作气，爬上了发射架。

当火箭伴着惊天动地的巨响腾空而起，穿过云端，越过赤道，发射试验获得圆满成功的消息传来时，情感从不轻易外露的屠守锷流下了激动的泪水。

东风五号发射升空

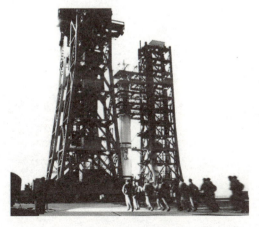

发射架上的东风五号

厂房中的东风五号

## 谢光选：善啃"硬骨头"

谢光选（1922—2016），江西南昌人，导弹与运载火箭专家，中国科学院院士。曾任国防部五院导弹总设计部主任、运载火箭技术研究院副院长、航天部总工程师。参与研制战术火箭发射器及反坦克火箭，参与研制中国第一枚自行设计的中远程火箭，担任总体主任设计师；担任导弹核武器实验技术协调组组长；担任长征三号火箭总设计师，领导解决高真空失重场二次启动氢氧发动机等关键技术问题。

长征三号火箭起飞

谢光选没有海外留学的经历，是中国自己培养的土生土长的火箭专家，但这并不影响他成为一名杰出的火箭总设计师。

20世纪70年代，中国确定要研制通信卫星。通信卫星需要送入地球同步轨道，为此必须研制新型火箭。这种新型火箭被命名为长征三号，谢光选被任命为长征三号的总设计师。

谢光选（右）在西昌基地

对长征火箭来说，这是一次全面的技术突破和能力提升，需要攻克低温技术、发动机在高空失重条件下二次点火、大型火箭纵向耦合振动等一系列重大技术难题。再艰巨的任务也要知难而上！谢光选带领长征三号火箭研制队伍顽强拼搏，攻克了一道又一道难关。

为了突破低温技术，谢光选带领研制队伍确定了36个课题，一个个深入研究。例如，在液氢的低温下，金属和非金属的机械、物理性能都会有很大变化，温度、压力、流量测量都需要确立新的计量标准。为此研制队伍进行了29项共249次试验，获得大量数据，解决了材料和工艺难题，为长征三号火箭使用液氢/液氧推进剂铺平了道路。

为解决大型火箭纵向耦合振动问题，谢光选准确分析了产生振动的原因，并采取巧妙的办法，改善了低频振动的环境，抑制了全箭耦合振动的发生。

1984年1月29日，长征三号火箭第一次发射，第二次启动氢氧发动机点火3秒后推力突然消失，首飞只获得部分成功。为查清故障原因，谢光选带领研制队伍，反复分析各种数据，查找问题根源，在准确定位的基础上制定了故障排除对策。70天后，长征三号火箭再次发射，氢氧发动机二次点火成功，发射获得圆满成功。

火箭在技术厂房

## 孙敬良：成功那天最幸福

孙敬良，1930年7月生于山东莱州。液体火箭发动机与运载火箭设计专家，中国工程院院士。曾任长征四号火箭总设计师、长征二号丁火箭总设计师。早期从事液体火箭发动机的理论研究和研制工作，主持多种火箭发动机的研制和改进，创造性地解决了大型液体火箭发动机燃烧不稳定的关键技术问题。

长征四号甲火箭

长征四号乙火箭发射

长征四号丙火箭成功发射遥感卫星十号

长征四号甲火箭在技术厂房

风云一号卫星在技术厂房

风云一号卫星拍摄图像

1979年，是孙敬良从事火箭研究的第二年。这一年，在发射场，他目睹了"风暴一号"火箭发射失败，难过得流了泪。这次失败让他刻骨铭心，并在此后为了成功而甘愿付出一切努力。

长征四号火箭从开始研制到发射成功历时10年，其间不乏惊心动魄的时刻。火箭三级动力系统热试车前加注推进剂时，一位操作员由于过度紧张，碰掉了未拧紧的加注接头，剧毒的黄色氧化剂喷着浓雾向旁边的孙敬良等人突袭而来。危急时刻，孙敬良镇定地与助手们配合，将加注接头捡起并拧紧，避免了一起重大安全事故。经过大量艰苦细致的工作，孙敬良带领团队取得热试车（所有温度达到设计需要时进行的试机，检测是否达到设计要求）的成功，为长征四号火箭开展全面研制打下了坚实基础。

长征四号火箭的第一次发射也遇到了突发问题。按照本来的设计，长征四号火箭是自动测试发射。但到了发射场后，自动测试系统突然无法正常工作，而且问题迟迟得不到解决。后来，发射任务指挥部决定改自动发射为手动发射。发射前，孙敬良心里非常紧张，因为火箭发射中任何一个细小的漏洞都有可能造成发射失败的重大事故。1988年9月7日，长征四号火箭稳稳地将风云一号卫星送入太阳同步轨道。当天晚上，中央电视台的气象预报节目便插播了风云一号传回的云图。这次成功意义非同小可，它不仅使中国成为世界上第三个独立发射太阳同步轨道卫星的国家，也使长征系列火箭成为能够发射近地轨道、太阳同步轨道、地球同步轨道三种不同轨道卫星的"全能"火箭。

长征四号火箭发射成功，孙敬良又一次流了泪，不过这次的泪是为成功而流。他说，这是他一生中最幸福的一天，这样的感觉用任何文字都无法形容。

## 龙乐豪：从大悲到大喜

　　龙乐豪，1938年7月出生于湖北省汉阳县（现武汉市蔡甸区）。导弹、火箭专家，中国工程院院士。1963年进入国防部第五研究院第一总体设计部工作，历任技术员、工程组长、总体室主任、长征三号火箭总体主任设计师。1984年任总体设计部主任，后兼任长征三号甲火箭副总设计师、总设计师。1991年任中国运载火箭技术研究院副院长，兼任长征三号甲、长征三号乙和长征三号丙火箭总设计师与总指挥。

长征三号甲运载火箭发射

　　1994年4月，长征三号乙火箭开始研制，龙乐豪被任命为这一新型火箭的总设计师。

　　研制长征三号乙火箭是提升长征系列火箭高轨道运载能力的关键举措。它用长征三号甲火箭作为芯级，在芯级四周捆绑4个助推器，可以把卫星直接送入地球同步转移轨道，运载能力达到5吨，在当时国际同类火箭中可以排到第二位。按照计划，长征三号乙火箭的第一次飞行便要用于商业发射，这在国内是首创。

　　1996年2月15日，西昌卫星发射中心，随着倒计时之后的"点火"口令，装载着国际通信卫星708号的长征三号乙火箭在人们热切期盼的目光中起飞了。然而，火箭起飞后，火箭箭体突然偏离正常航向，倾斜着飞过发射塔架，一头撞向距发射塔2000米的山坡上，发生剧烈爆炸，星箭俱毁。在中国航天史上，这算得上是一次重大事故。在指挥中心目睹这一情景的龙乐豪，一时呆坐在那里，在心里问着无数个"为什么"。

在长征系列火箭的总设计师中，经历过这样惨痛失败的并不多。这次失败让龙乐豪痛心疾首，有人形容他为此一夜之间愁白了头。但他生性自信，30多年从事火箭研制，积累了丰富的经验和知识，他坚信火箭的总体设计方案没有问题。

面对失败，最重要的是尽快找到原因，从头再来。龙乐豪和同事们对火箭研制的各个环节进行了全面反思，进行了多项试验，找到了火箭出现故障的原因，采取了改进措施，并在此基础上对火箭研制的各个环节进行了优化和完善。

擦去泪水和汗水，龙乐豪带领研制队伍送长征三号乙火箭再踏征程。1997年8月20日，长征三号乙火箭成功地将菲律宾马部海卫星送入轨道。此后，长征三号甲、长征三号乙火箭密集发射数十次，次次成功，创造了辉煌的纪录。

长征三号乙火箭

## 刘竹生：三更半夜画图纸

刘竹生，1939年11月出生于黑龙江省哈尔滨市。运载火箭技术专家，中国科学院院士。长期从事运载火箭研制工作，曾负责我国首枚捆绑式运载火箭长征二号E的核心技术——助推器捆绑分离系统研制，提出了捆绑分离方案，设计了捆绑分离机构。在担任载人运载火箭总设计师期间，主持了长征二号F火箭的总体方案和技术设计，主持多项关键技术攻关。

1985年，中国的长征系列火箭正式走向国际市场，承揽对外发射服务。但是，当时国际市场上需要发射的卫星大多数"吨位"都比较大，按照当时长征火箭的发射能力，无法承担这些大吨位卫星的发射需求。要想在国际市场上占有一席之地，必须研制出更大推力的新型运载火箭。

研制新型大推力运载火箭的任务历史性地降临到刘竹生的头上。他和同事们搜集了大量资料，分析研究国际上大推力运载火箭的类型和性能，归纳出实现火箭大推力的两种路径：一是研制出新的大推力发动机，二是将成熟的火箭并联增大推力。第一条路，耗费时间长，资金消耗量大，要想抢占国际市场，等不起。第二条路，技术上相对容易实现，可以较快地实现目标。经过论证，刘竹生和同事们很快达成共识，并拿出了研制捆绑式火箭的方案，得到了上级有关部门的认可。

长征二号捆绑式火箭在厂房

长征二号F火箭

这种火箭被命名为"长征二号捆绑式火箭"。火箭并联看似简单，实际上要解决的难题也很多。因为在这之前，长征火箭都是各级串联，并联捆绑是新技术。经过艰苦攻关，刘竹生和同事们共突破并掌握了18项先进技术，其中有的处于国际领先地位。这18项技术中，刘竹生自己就占了3项。在这些技术中，整流罩分离方案设计难度最大。此方案的设计，也是他从事火箭研制工作以来遇到的最大难题。因为时间紧，当时某些国产的器件水平又不高，刘竹生常常急得寝食难安。有一天夜里，因为琢磨火箭的事，三更半夜还睡不着的他灵感突发，如同久寻未果的猎人突然发现了猎物，他兴奋地爬起来直奔办公室，在资料堆得像小山的办公桌上，连夜画起了图纸。

终于，1990年7月16日，我国第一枚大推力长征二号捆绑式火箭，在西昌卫星发射中心如期发射并取得成功。

长征二号捆绑式火箭发射澳赛特B通信卫星

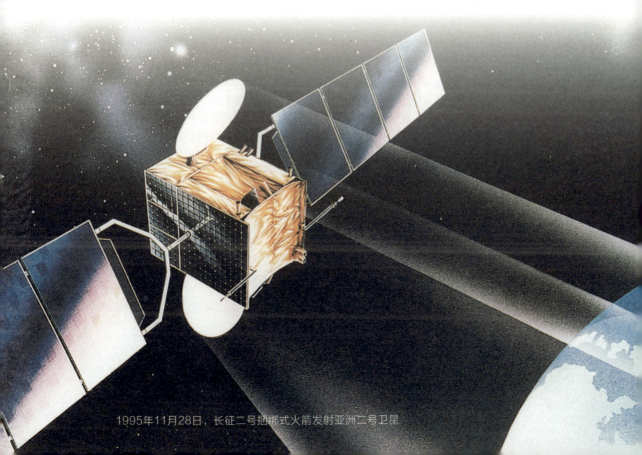

1995年11月28日，长征二号捆绑式火箭发射亚洲二号卫星

## 梁思礼：失败催生"可靠性工程学"

梁思礼（1924—2016），原籍广东新会，中国近代著名人物梁启超之子，著名火箭控制系统专家，中国科学院院士。亲自领导和参与多种导弹、运载火箭控制系统的研制和试验，是导弹控制系统研制领域的创始人之一，中国航天可靠性工程学的开创者和学科带头人之一，航天工程设计中计算机辅助设计（Computer Aided Design，CAD）技术运用的倡导者和奠基人。

东风二号发射

东风二号在厂房

东风二号在吊装

东风二号导弹首次发射失败，对于导弹的研制者们来说，是一次很大的打击。那是1962年3月21日上午，导弹点火起飞几秒钟后，头部冒出白烟，弹体摇摇晃晃像个醉汉，一头栽到了离发射架300多米的戈壁滩上。巨大的蘑菇云腾空而起，地面也被砸出了一个大坑。亲历这一幕的控制系统负责人梁思礼，自然非常痛心。很多年以后，他说，从个人成长来说，失败比成功更能得到启发；正因为失败后做了大量工作，坏事变成了好事，第一代航天人才懂得了怎样进行型号的自主设计。

梁思礼自始至终参加了长征二号火箭的研制工作。因为吸取了东风二号失败的教训，梁思礼在长征二号火箭的研制中开创了"可靠性工程学"，使得火箭的可靠性、安全性大大提高，飞行安全获得了坚实的保障。

以往，可靠性工作只和概率统计、可靠性预测和可靠性评估、抽检相关。通过实践，梁思礼认为，航天产品的可靠性不是学术问题，而是工程实践问题。质量可靠性是设计出来的、生产出来的、管理出来的，而不是检验、实验和统计分析出来的。要提高可靠性，就要在整个研制过程中解决每一个工程技术问题。他提出了有中国特色的、极小批量的全面质量理论相关原则，提出了"可靠性工程学"这一概念并运用于火箭研制的全过程。

进入20世纪80年代，随着计算机的广泛应用，计算机软件在工程研制中的作用日益凸显。1983年，已经年近60的梁思礼对计算机辅助设计产生了浓厚的兴趣。在他的大力倡导下，航天产品的可靠性工作由硬件拓展到软件，做到了"软""硬"结合。

后来的事实证明，梁思礼倡导的软件工程化，在载人航天工程、月球探测工程等重大航天工程中起到了重要作用，中国航天产品质量的可靠性、安全性不断提高，跻身于世界先进水平。

长征二号火箭发射

长征二号火箭组装

## 王永志：善于逆向思维

　　王永志，1932年11月出生于辽宁省昌图县。中国工程院院士，火箭技术专家，中国载人航天工程首任总设计师，国家最高科学技术奖获得者。长期从事战略导弹、运载火箭和载人航天工程的总体设计和研制工作。先后担任洲际火箭副总设计师、三种火箭总设计师，是长征二号捆绑式火箭的主要倡导者之一和研制总指挥，曾担任中国运载火箭技术研究院院长。

长征二号F火箭发射

运输中的中国神舟飞船

神舟飞船返回地面

王永志一生与火箭结缘，火箭研制的"两总"即总设计师、总指挥全当过，而且负责过好几个型号；还当过火箭研制总体单位运载火箭技术研究院的院长。20世纪90年代初，中国载人航天工程立项后，花甲之年的王永志被任命为工程总设计师。相传，这个任命与著名科学家钱学森的推荐有关。因为若干年前王永志年轻时，便得到了钱老的赏识。

那是1964年6月，王永志参与我国自行设计的第一种中近程火箭发射任务时的事。研制人员在计算火箭推力时，发现火箭射程达不到设计指标，便有人提出是否可以多加一些推进剂。但是，火箭燃料贮箱的容积是有限的，无法再添加新的燃料。当时，戈壁滩白天的温度已经很高，推进剂温度升高、密度变小，发动机的节流特性也会发生变化，增加推进剂是行不通的。

王永志在一线

王永志与工作人员交流

王永志在指挥中心

一次会议上，正当大家为如何解决这一问题一筹莫展时，一个年轻英俊的高个子中尉站起来说："经过我的计算，如果从箭体里卸出600千克燃料，就会达到射程。"大家的目光集中到这个年轻人身上，但几乎都是怀疑的目光。一位专家不客气地问："本来能量就不够，你还要往外卸？"他的建议被搁置一旁，没有人理睬。这个年轻人就是王永志。

王永志并未善罢甘休，他想到发射场技术总指挥钱学森那里碰碰运气。临射前，他鼓足勇气走进了钱学森的房间。当时，钱学森对这个年轻人并不熟悉，但还是耐心地听完了他的陈述。听王永志讲完，钱学森高兴地喊道："马上把总设计师请来！"钱学森指着王永志对总设计师说："这个年轻人的意见对，就按他的意见办！"果然，在卸出一些推进剂后，火箭射程变远了，连打三发，全部实现预期目标。这件事让钱学森牢牢记住了王永志这个年轻人的名字。我国开始研制第二代导弹时，钱学森提出建议：第二代战略导弹让第二代人挂帅，让王永志担任总设计师。

几十年后，钱学森又推荐王永志担任载人航天工程总设计师："这个年轻人敢于大胆逆向思维，和别人不一样！"

长征三号发射亚太一号卫星

## 余梦伦：梦逐火箭弹道

余梦伦，1936年11月出生于上海，原籍浙江余姚。航天飞行力学、火箭弹道设计专家，中国科学院院士。1955年考入北京大学数学系力学专业，1958年转学计算数学专业。多年来一直从事实用弹道工程设计，为我国弹道式导弹和大型运载火箭的发展做出了重要贡献。

技术人员对长征三号精心测试

我国从20世纪60年代中期开始研制远程火箭。远程火箭研制面临的难题之一，就是无法进行全程试验。不进行全程试验，又要达到全程试验的效果，便需要设计一条特殊弹道。年轻的余梦伦接受了设计这条特殊弹道的任务。那段时间，余梦伦日夜琢磨的都是这条弹道的设计问题，像着了魔一般。研究、计算，再研究、再计算，终于，他画出了这条特殊弹道，实现了在有限的射程范围内进行远程火箭试射，为我国远程火箭发展做出了重要贡献。

从事航天事业数十年，余梦伦提出和设计了低弹道、小推力弹道、亚轨道停泊轨道、高空风弹道修正等方案，完成了多种型号导弹、火箭的弹道设计任务。为了长征二号捆绑式火箭的立项，余梦伦做了大量的基础论证，解决了大型捆绑火箭的弹道设计问题，其中许多工作在国内都是没人做过的，为长征二号捆绑式火箭乃至后来发射载人飞船的长征二号F火箭的成功奠定了基础。

余梦伦不仅是弹道设计专家，还是谈判高手。当然，他说服谈判对手的依据，也是自己的拿手好戏——计算。

长征三号火箭与亚太一号A卫星对接

长征二号捆绑式火箭发射

1996年，长征三号火箭承担商业发射任务，发射美国研制的亚太一号A卫星。发射前，美方人员担心发射安全问题，不愿来中国参加发射工作。为了说服美方，余梦伦与同事们组团赴美，进行谈判。一轮谈下来，美方不满意，要求对安全问题做进一步详尽的科学的阐述。这个任务由余梦伦承担了下来。

一连几天，余梦伦扎在宾馆房间里埋头用笔记本电脑进行计算、分析，并给出了"安全方案切实可行"的结论。在第二轮谈判中，他用充分的数据对发射安全问题进行分析说明，最终说服美方同意来中国。

俗话说"好事多磨"。1996年7月3日，长征三号发射亚太一号A星时，火箭起飞后不久安全控制系统显示异常信号，指挥大厅的气氛立刻凝重起来。千钧一发之际，坐在发射数据显示屏前的余梦伦通过综合分析多种参数，得出"火箭飞行正常"的结论。果然，发射程序继续正常执行，火箭准确地把卫星送入了预定轨道。一场危机就此安然渡过。

## 张贵田：捉"鬼"

张贵田，1931年12月出生，河北省藁城县人。液体火箭发动机专家，我国液体火箭发动机技术的主要开拓者和技术带头人之一，中国工程院院士。在国内率先提出用液相分区方法解决发动机不稳定燃烧的难题；主持研制成功的高空发动机、双向摇摆二次启动常规高空发动机、双组元微型发动机均填补了国内空白。

新型发动机试车

长征火箭一级发动机试车

1961年，我国自行设计的第一台可贮存液体火箭发动机研制进入关键阶段。年仅30岁的张贵田是这项工作的技术骨干。发动机是运载火箭的重要部件，其对于火箭的重要性相当于心脏之于人，因此也被称为运载火箭的"心脏"。那时，我国的液体火箭发动机研制刚刚起步，没有技术基础，研制条件极其简陋，因为国际上的封锁，也难以获得其他国家相关的技术资料。在这种情况下，张贵田和同事们在研制中遇到了一系列难题，其中最重大的难题是发动机燃烧不稳定。

在一年多的时间里，发动机燃烧不稳定问题像一个幽灵，困扰着张贵田，以至于他经常茶饭不思。

长征火箭一级发动机

长征火箭二级发动机

"一定要把这个'鬼'捉住！"张贵田暗暗下定决心。反反复复试验上百次，判读试验数据成千上万，探究每一个疑点，追寻每一种可能。在进行反复计算和分析的基础上，他们对试验程序进行了一次又一次改动，对成品结构进行了一次又一次改进，终于摸清了不稳定燃烧的活动规律，找到了问题的根源。

不稳定燃烧这个"鬼"，被张贵田和同事们捉住了。

找到了"病因"，剩下的就是"对症下药"了。经过深思熟虑，张贵田提出采用"液相分区法"这一措施来抑制不稳定燃烧，最终获得成功。后来，我国多种型号液体火箭发动机都采用"液相分区法"和固体隔板相结合的方案设计，上百台发动机进行了地面和飞行试验，不稳定燃烧现象彻底消除。

# 后 记

　　随着我国航天事业的高速发展和取得的辉煌成绩，航天的科技成果和动态已成为全国人民关注的热点，尤其是广大青少年对航天技术表露出浓厚的兴趣。航天院士和技术专家在全国各地宣讲航天知识时也深切感受到孩子们对航天知识的渴望。基于此，《筑梦科技·航天篇》系列丛书得以策划出台。

　　本套丛书分为《载人航天》《神剑腾飞》《卫星巡天》《九天揽月》和《登天火箭》五册。主要围绕最新的航天科技成果，结合当前人们最关心的航天科技话题，以生动活泼的形式系统介绍航天技术的发展过程和相关知识，并以此为主线，穿插介绍我国航天领域的科技专家。目的是在青少年中广泛宣传"'中国梦'就要通过'科技强国'来实现"的理念，将实现"中国梦"具体化、形象化。丛书通过对航天知识的介绍，使广大读者了解我国航天事业从无到有、从小到大、从弱到强的发展过程以及科学家及广大科技工作者艰辛的奋斗历程，深刻理解科技强国实现"中国梦"的内涵。

　　在本套丛书的成书过程中，得到了航天科工办公室和中国科学院院士梁思礼、中国工程院院士张履谦的极大关注和大力支持。在选题策划会上，两位老院士不顾年事已高，亲自参加会议，对这套图书寄予了深切希望；航天领域的专家吴国兴、尹怀勤、刘登锐、孙宏金、杨建亲自执笔，并进行了多次修改，保证了图书的专业性和权威性；原中国科普作协秘书长，时任科学普及出版社人物研究所顾问的张秀智老师从选题的提出到稿件的组织提出了宝贵的意见和建议；丛书主编田如森老师参与了策划、设计、审稿全过程，对图书的出版倾注了大量心血和精力；负责排版的徐文良老师不辞辛劳，一遍遍不厌其烦地修改完善版式设计，花费了大量时间……在此向他们深表感谢！正是由于大家的共同努力，才使本套丛书得以顺利出版。另外，本书编写中参考了《中国航天报》《中国航天》《太空探索》《国际太空》等报刊上的有关文章，以及《当代中国的航天事业》等书籍，感谢南勇、田锋、秦宪安、张贵明、吴国兴、邱乃勇、张贵玲、张彧、田奕、林巧英、张旭明、张淑芳等提供资料，同时感谢中国宇航学会的帮助和支持。

　　本套丛书在内容上不求"面面俱全"，不求知识层面上"大的系统性、完整性"，而要做到"答疑而有趣"，就某一个问题进行系统性的讲解，且知识深度适宜；在版式上坚持以图为主，多用真实图片来普及航天知识。由于出版时间有限，错误和缺陷在所难免，希望读者和专家不吝赐教。